Ni–Mn基铁磁形状记忆合金的马氏体相变及其相关物理效应研究

◎轩海成　著

东北师范大学出版社　长　春

图书在版编目（CIP）数据

Ni-Mn基铁磁形状记忆合金的马氏体相变及其相关物理效应研究 / 轩海成著. —长春：东北师范大学出版社，2014.4(2024.8重印)
ISBN 978-7-5602-9888-7

Ⅰ.①N… Ⅱ.①轩… Ⅲ.①磁性合金—物理效应—研究 Ⅳ.①TG132.2

中国版本图书馆CIP数据核字（2014）第071752号

□策划编辑：李 燕
□责任编辑：李 燕 曲 颖 □封面设计：张 曼
□责任校对：刘晓军 □责任印制：刘兆辉

东北师范大学出版社出版发行
长春净月经济开发区金宝街118号（邮政编码：130117）
网址：http：//www.nenup.com
东北师范大学出版社激光照排中心制版
河北省廊坊市永清县晔盛亚胶印有限公司
河北省廊坊市永清县燃气工业园榕花路3号（065600）
2015年3月第1版 2024年8月第4次印刷
幅面尺寸：148 mm×210 mm 32开本 印张：6 字数：170千

定价：40.00元

目　录

第一章 绪论

第一节 固态相变概论

相是指物质体系中具有同一化学成分、同一凝聚状态并以界面彼此相互分开的物理化学性能均匀的部分。这里“均匀”是指物质的成分、结构和性能相同。微观上，同一相内允许存在某种差异，但这种差异必须呈连续变化，不能有突变。相变是指当外界条件变化时，体系中相的性质和数目所发生的变化。相变前后的凝聚状态不变且均为固态时，就是固态相变。相变是自然界常见的一种现象，它是大量微观粒子的集体行为，是整个粒子系统中所有粒子间各种相互作用的平均效应。相变前的相状态称为旧相或母相，相变后的相状态称为新相[1]。相变发生后，新相和母相之间必然存在某些差异，这种差异可以表现在以下几个方面：(1) 晶体结构的变化，例如气相凝结成液相或固相，液相凝固为固相，或者固相中不同晶体结构之间的转变；(2) 化学成分的变化，例如固溶体的脱溶分解或溶液的脱溶沉淀；(3) 有序程度的变化，例如顺磁体—铁磁体转变，正常导体—超导体转变，金属—绝缘体转变，顺电体—铁电体转变，原子排列和电子自旋的有序化等。许多材料在不同条件下会发生几种不同类型的相变。在相变过程中上述变化可以单独出现，也可以两种或三种变化同时出现，最根本的就是宏观性能的变化。因此掌握这些合金固态相变的规律，就可以采取一定的措施（比如特定的热处理工艺，施加磁场、应力等）来调控固态相变，以获得预期的性能，并根据性能要求开发新型相变材料。

固态相变的种类有很多，从不同的角度可以把相变分成不同的种类。

1.1.1 固态相变的热力学分类

相变的热力学分类是指根据温度和压力对自由焓的偏导函数在相变点的数学特征——连续或非连续，将相变分为一级相变、二级相变或更高级的相变[1-3]。

（1）一级相变

发生相变时，相变前后两个相，即新相 α 和母相 β，吉布斯自由能 G 和化学势 μ 相等，即 $G_\alpha = G_\beta$，$\mu_\alpha = \mu_\beta$，T 为温度，P 为压强，此时化学势的一级偏导不相等的相变称为一级相变。

$$\left(\frac{\partial \mu_\alpha}{\partial T}\right)_P \neq \left(\frac{\partial \mu_\beta}{\partial T}\right)_P \tag{1.1}$$

$$\left(\frac{\partial \mu_\alpha}{\partial P}\right)_T \neq \left(\frac{\partial \mu_\beta}{\partial P}\right)_T \tag{1.2}$$

由热力学基本理论：

$$\left(\frac{\partial \mu}{\partial T}\right)_P = -S \tag{1.3}$$

$$\left(\frac{\partial \mu}{\partial P}\right)_T = V \tag{1.4}$$

所以

$$\left.\begin{aligned} S_\alpha &\neq S_\beta \\ V_\alpha &\neq V_\beta \end{aligned}\right\} \tag{1.5}$$

即在发生一级相变时，熵 S 和体积 V 发生不连续变化，说明一级相变存在相变潜热和体积的变化，而焓的突变就表示相变潜热。熵值变化的最直观表现是凝聚状态和晶体结构的变化。所以升华、熔化、凝固、气化等物态变化，以及具有晶体结构变化的金属固态相变都是一级相变。在相变点处，虽然一级相变前后两相的自由能相等，但是由于结构重组需要越过势垒，或者新相形成需要提供正值的界面能，结果导致升温与降温过程发生相变的温度并不相等，这是一级相变的热滞现象[3]。在铁磁材料（铁电材料）的一级相变点附近，温度保持不变，施加磁场（电场），也可以得到磁场（电场）诱导的一级相变，并且存在类似的磁滞（电滞）现象。

（2）二级相变

在二级相变中，相变前后两相的化学势相等，化学势的一级偏导数也相等，但化学势的二级偏导数不相等[1-2]，即

$$\left(\frac{\partial\mu_\alpha}{\partial T}\right)_P=\left(\frac{\partial\mu_\beta}{\partial T}\right)_P \tag{1.6}$$

$$\left(\frac{\partial\mu_\alpha}{\partial P}\right)_T=\left(\frac{\partial\mu_\beta}{\partial P}\right)_T \tag{1.7}$$

$$\left(\frac{\partial^2\mu_\alpha}{\partial T^2}\right)_P\neq\left(\frac{\partial^2\mu_\beta}{\partial T^2}\right)_P \tag{1.8}$$

$$\left(\frac{\partial^2\mu_\alpha}{\partial P^2}\right)_T\neq\left(\frac{\partial^2\mu_\beta}{\partial P^2}\right)_T \tag{1.9}$$

$$\left(\frac{\partial^2\mu_\alpha}{\partial T\partial P}\right)\neq\left(\frac{\partial^2\mu_\beta}{\partial T\partial P}\right) \tag{1.10}$$

已知

$$\left(\frac{\partial^2\mu}{\partial T^2}\right)_P=-\left(\frac{\partial S}{\partial T}\right)_P=-\frac{1}{T}\left(\frac{\partial H}{\partial T}\right)_P=-\frac{C_P}{T} \tag{1.11}$$

$$\left(\frac{\partial^2\mu}{\partial P^2}\right)_T=\left(\frac{\partial V}{\partial P}\right)_T=\frac{V}{V}\left(\frac{\partial V}{\partial P}\right)_T=VK \tag{1.12}$$

$$\left(\frac{\partial^2\mu}{\partial T\partial P}\right)=\left(\frac{\partial V}{\partial T}\right)_P=\frac{V}{V}\left(\frac{\partial V}{\partial T}\right)_P=V\lambda \tag{1.13}$$

式中，$K=\frac{1}{V}\left(\frac{\partial V}{\partial P}\right)_T$ 为等温压缩系数；$\lambda=\frac{1}{V}\left(\frac{\partial V}{\partial T}\right)_P$ 为等压膨胀系数；$C_P=\left(\frac{\partial H}{\partial T}\right)_P$ 为等压比热。因此相变发生时，$S_\alpha=S_\beta$；$V_\alpha=V_\beta$；$C_{P\alpha}\neq C_{P\beta}$；$K_\alpha\neq K_\beta$；$\lambda_\alpha\neq\lambda_\beta$。即在二级相变时，相变潜热和体积均没有变化，但是比热C_P，压缩系数K，膨胀系数λ有突变。材料的有序无序转变、磁性转变以及超导体转变都是二级相变[1-2]。

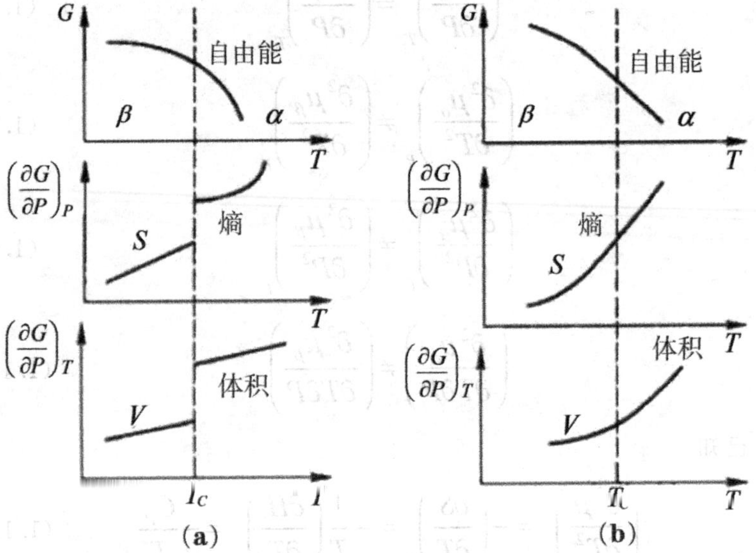

图 1.1　热力学函数与温度的关系（a）一级相变（b）二级相变

一级、二级相变的自由能、体积和熵随温度变化的关系如图 1.1 所示。

1.1.2 固态相变的原子迁移特征分类

固态相变过程中发生相的晶体结构的改造或化学成分的调整，需要靠原子迁移才能完成。根据相变过程中原子的迁移情况可以将固态相变分为扩散型相变和非扩散型相变[2, 4]。

（1）扩散型相变

如果原子的迁移造成原有原子邻近关系的破坏，则属于扩散型相变，也称为“非协同型”转变。只有当温度足够高，原子活动能力足够强时，才能发生扩散型相变。温度越高，原子的活动能力越强，扩散距离也就越远。所以同素异构转变、脱溶型相变、多形性转变、共析型相变、有序化转变和调幅分解等均属于扩散型相变。

扩散型相变的基本特点是：①单个原子独立、无序地在新旧相之间迁移扩散，所以扩散型相变也称为非协同型转变；②相变速率受控于原子迁移的速度，扩散激活能和温度是相变过程中的绝对控制因素；③只有因新相和母相比容不同引起的体积变化，没有宏观形状的改变[2]。

（2）非扩散型相变

相变过程中原子不发生扩散，没有破坏原有原子的邻近关系，并且参与转变的所有原子的运动是协调一致的相变属于非扩散型相变，也称为“协同型”转变。非扩散型相变时原子仅作有规则的迁移使得晶体点阵发生改组。迁移时，相邻原子的相对移动距离不超过一个原子间距，同时相邻原子的相对位置保持不变。

非扩散型相变的一般特征是：①存在由于均匀切变引起的宏观形状的改变，可在预先制备的抛光试样表面上出现浮凸现象；②相变不需要通过扩散，新相和母相的化学成分相同；③新相和母相之间存在一定的晶体学位向关系；④某些材料发生非扩散相变时，相界面移动速度极快，可接近声速[4]。

马氏体相变以及某些纯金属在低温下进行的同素异构转变即为非扩散型相变，这类固态相变均在原子不能（或不易）扩散的低温条件下发生。与扩散型相变的根本区别是马氏体相变的界面推移速度与原子的热激活跃迁因素无关。界面处母相一侧的原子并不是以热激活机制单个地、无序地、统计地跃过相界面进入新相，而是一种集体定向的协同位移。相界面在推移的过程中保持着共格关系。最近，徐祖跃在国际马氏体相变会议上提出了马氏体相变定义的新观点：替换原子经无扩散位移产生形状改变和表面浮凸，呈不变平面应变特征的一级形核—长大型相变。马氏体相变广泛存在于钢、有色金属以及陶瓷等材料中。马氏体相变是钢的主要强化手段之一，也是一些材料获取某些特殊功能的手段，比如形状记忆合金的形状记忆功能。

1.1.3 固态相变的其他分类

除了前面讨论的相变分类，还可以从其他方面对固态相变进行分类，比如按平衡状态分类，可将相变分为平衡相变和非平衡相变；从相变方式上可将相变分为有核相变和无核相变等等。

平衡相变是指在极其缓慢的加热或冷却条件下发生的一类相变。一般来说，平衡相变是一种扩散型相变。因为固态相变中，原子的扩散更需要时间，在极其缓慢的加热或冷却条件下，原子有充分的时间进行扩散。另外，在分析平衡相图时，涉及一些重要的平衡相变，主要包括同素异构或多形性转变、三相平衡转变、平衡脱溶、调幅分解、有序—无序转变等。非平衡相变是指快速加热或冷却时，平衡转变被抑制，将获得非平衡态或亚稳态组织。固体中发生非平衡相变主要有以下几种：伪共析相变、马氏体相变、贝氏体相变、非平衡脱溶沉淀。

有核相变是通过形核—长大的方式进行的。新相晶核可以在母相中均匀形成，也可以在母相中某些有利部位优先形成。新相晶核形成后不断长大，使相变过程得以完成。新相与母相之间由相界面隔开。大部分金属固态相变均属于有核相变，无核相变时没有形核阶段。无核相变以固溶体中的成分起伏为开端，通过成分起伏形成高浓度区和低浓度区，但是两者之间并没有明显的界限，成分从高浓度区连续过渡到低浓度区，并且依靠上坡扩散使浓度差逐渐增大，导致由一个单相固溶体分解成为成分不同而点阵结构相同的通过共格界面相联系的两个相。

综上所述，尽管材料的固态相变种类繁多，但就相变过程的实质而言，所发生的变化主要包括以下三个方面：结构、成分和有序化程度。

有的相变只有某一种变化，而有的相变则同时有两种或者两种以上的变化。另外，同一种金属材料在不同条件下可发生不同的相变，从而获得不同的组织和性能。

第二节 磁相变材料中的相关物理效应

在当代社会，制冷技术已经几乎渗透到各个生产技术、科学研究领域，并在改善人类的生活质量方面发挥着越来越重要的作用[5]。目前已涉及石油化工、低温工程、高能物理、精密仪表、超导电技术、电力工业、交通、计算技术、航空航天、医疗器械以及日常生活。在当代制冷技术飞速发展的过程中，制冷剂的发明与发展起着举足轻重的作用。

当前工业制冷剂有 30 多种，常用的有氟利昂和氨。氨是较早使用的制冷剂，广泛地应用于冷藏、冷库等大型制冷设备中。其主要优点是单位容积产冷量大，成本便宜，不与金属及冷藏油反应，热稳定性好，但也有毒性大、腐蚀有机配件的明显缺点。其次是氟利昂，它以无毒无臭、不燃不爆、稳定性好、对设备有良好的润滑作用而成为制冷工业的明星。但是，氟利昂有其致命的缺点，它是一种“温室效应气体”，温室效应值比二氧化碳大 1700 倍，更危险的是它会破坏大气层中的臭氧，使过量的紫外线到达地球表面，直接影响到人类和其他生物的生存。1987 年 80 多个国家参加签署的《关于消耗臭氧层物质的蒙特利尔议定书》规定，到 2000 年全世界限制或禁止使用氟利昂制冷剂，我国于 1991 年 6 月加入这个国际公约并规定，到 2010 年禁止生产和使用氟利昂等氟氯碳和氢氟氯碳类化合物。因此，加快研究开发无害的新型制冷剂或不使用氟利昂的其他类型制冷技术尤显重要。

磁制冷是以磁性材料为工质的一种独特的制冷技术，其基本原理是利用磁制冷材料的磁热效应达到制冷的目的。磁制冷技术是一种新型绿色制冷技术，与传统气体压缩制冷相比具有明显的优势。第一，无环境污染，由于工质为固体材料以及在其循环回路中可用水做传热介质，消除了由于使用氟利昂等制冷剂所带来的破坏臭氧层、有毒、易燃、易泄漏、温室效应等损害环境的缺陷；第二，高效节能，磁制冷的效率能达到卡诺循环效率的60%～70%，然而气体压缩制冷一般只有5%～10%，可见节能效果非常明显；第三，稳定可靠，由于无需气体压缩机，运动部件较少，且转速缓慢，可大幅降低振动与噪声，同时寿命长、可靠性高，便于维修。

磁制冷技术因具备上述明显的优势，具有广泛的应用前景，受到了各发达国家的高度重视。加之国际上对氟利昂工质的限制使用，许多专家预计磁制冷技术将可能逐步替代传统的制冷技术为人类服务。首先是在近室温区间有着广阔的应用前景：磁制冷中央空调以及高档汽车空调可能首先得到应用，量大面广的家用磁空调、家用磁冰箱也有很大的发展前景。其次，磁制冷在空间和核技术等国防领域也有着独到的用途：这些领域要求冷源设备的重量轻，振动和噪声小，可靠性高，操作方便，工作周期长，工作温度和冷量范围广。正因为磁制冷技术的优势和广阔的应用前景，加快磁制冷材料及磁制冷技术的研究开发具有重大的意义。

1.2.1 磁制冷和磁热效应

磁制冷是利用自旋系统磁熵变的制冷方式，主要利用磁性材料的磁热效应（Magnetocaloric Effect)。即磁制冷材料等温磁化时，其磁矩排列有序化，从而磁熵减小，工质向外界放出热量；而绝热退磁时，其磁矩排列又趋于无序状态，从而磁熵增大，工质从外界吸收热量，达到制冷目的。

磁制冷的研究可以追溯到19世纪末，1881年Warburg[6]首先观察到金属铁在外加磁场中的热效应。20世纪初，Langevin通过改变顺磁材料的磁化强度实现了可逆温度变化[7]。1918年Weiss[8]等人研究了金属Ni的磁热效应。1926年Debye[9]、1927年Giauque[10]两位科学家分别从理论上推导出可以利用绝热去磁制冷的结论，极大地促进了磁制冷的发展。1933年Giauque等人[11]以顺磁盐$Gd_2(SO_4)_3 \cdot 8H_2O$为工质成功获得了1 K以下的超低温。目前利用顺磁盐绝热去磁已达到0.1 mK，而利用核去磁制冷方式可获得2×10^{-9} K的极低温，此后磁制冷的研究得到了蓬勃发展。最初，人们在极低温温区针对液氦、超氦的冷却对顺磁盐磁制冷材料进行了详细的研究。随后，又在低温温区进行了相关研究。1976 年，Brown[12] 首次实现了室温磁制冷，从那时起人们开始了寻找具有较高性能的室温磁制冷材料的研究。

在工业生产和科学研究中，人们通常把人工制冷分为低温制冷、中温制冷和高温制冷。低温制冷的制取温度低于 20 K，中温制冷制取温度为 20～80 K，高温制冷的制取温度高于 80 K。20 世纪 30 年代，以顺磁盐类作为磁制冷工质成功地获得 mK 量级的极低温；1.5～20 K 是制备液氦的重要温区，20 世纪 80 年代问世的 $Gd_3Ga_5O_{12}$（GGG）石榴石化合物是这一温区的理想工质。20 世纪 90 年代发现含铁的钇稼石榴石化合物 $Gd_3Ga_{5-x}Fe_xO_{12}$ 的磁熵变大于 GGG[13]，成为这一温区最佳的磁制冷工质。20～80 K 是制备液氢、液氮的重要温区，这时如果仍采用顺磁盐作为磁工质，则需超高工作磁场，这在现实中是不可能的。

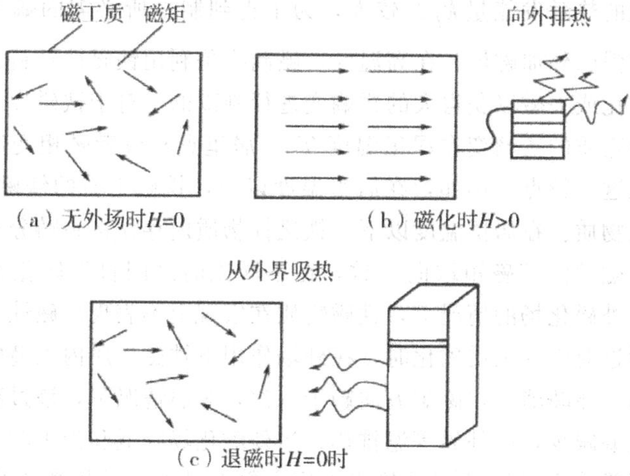

图 1.2 顺磁物质磁制冷原理示意

磁热效应是磁性材料的一种固有特性，它是指外磁场的变化所引起的材料自身磁熵改变和同时伴随着的材料吸热放热过程。物质由原子构成，原子由电子和原子核构成，电子有自旋磁矩还有轨道磁矩，这使得有些物质的原子或者离子带有磁矩。磁性物质从一种有序态转变到另一种有序态或无序态，或相反由无序态转变为一种有序态（包括顺磁材料的原子磁矩或离子在外磁场作用下，趋向于沿外磁场方向排列，进一步形成较为有序的状态），往往都伴随着熵值的变化，这就是通常所说的磁熵变（Magnetic Entropy Change）。顺磁材料的原子磁矩或离子在无外场时是杂乱无章的，在外磁场作用下，原子的磁矩沿外场方向排列，使磁矩有序化，从而材料的磁熵降低，这时会向外放出热量；而当去掉外磁场时，材料系统的磁有序降低，磁熵增大，这时会从外界吸收热量。如果把这两个磁化放热和去磁吸热的过程用一个循环连接起来，就能使得磁性材料不断地从一端吸热而在另一端放热，从而达到制冷的目的。这就是利用顺磁盐类绝热去磁在低温区获得磁制冷的原理。磁制冷的原理示意如图 1.2。

在高温区的磁制冷不能采用顺磁状态的磁性物质作为工质，因为这时磁自旋的热激发能量 k_BT 较大，为了得到制冷所必需的熵变化，需要有非常强的外加磁场。在高温区，磁制冷是利用铁磁性材料在相变温度附近磁化或去磁以获得大的磁熵变进行制冷的。对于铁磁性工质，主要是利用物质的磁熵变在居里温度 T_C（居里点）或者磁相变温度附近显著变化这一特点。例如，在居里温度以上，铁磁工质的铁磁性消失，变成顺磁物质。在居里温度以下，铁磁性物质内存在按磁畴分布的自发磁化，在磁畴内部磁矩取向一致，在不同磁畴之间自发磁化方向不一致，在无外磁化场的情况下，铁磁物质在宏观上不表现出磁性。当在居里温度附近对铁磁工质磁化时，在外场作用下铁磁工质内磁畴壁发生位移和转动，磁畴消失，磁矩方向趋于一致，等温情况下，该过程使得铁磁工质的熵减少，向外界等温排热；当外磁化场降低和消失时，磁畴出现，不同磁畴内磁矩排列又趋于无序，等温情况下，铁磁工质的熵增加，向外界等温吸热，从而达到制冷的目的（如图 1.3 所示）。

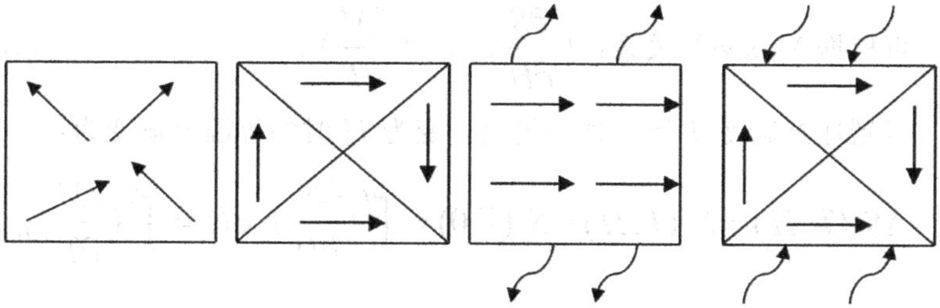

图 1.3 铁磁物质磁制冷原理示意

(a) $T>Tc$ 铁磁材料处于顺磁状态；(b) $T<Tc$ 铁磁材料发生自发磁化，表现出铁磁性；(c) 在 Tc 附近磁化时，熵减小，等温排热；(d) 去磁，熵增加，等温吸热

1.2.1.1 磁热效应的热力学基础

从广义上讲，磁热效应描述的是这样一种现象：当对磁性物体施加磁场时，一般将引起微小的温度上升或下降。从狭义上讲，磁热效应是指对铁磁性物质施加一个弱或中等的磁场，就会引起与磁畴结构有关的磁化过程的变化，并随之产生温度的变化。磁热效应为绝热过程，对于可逆过程可用热力学方法进行分析。磁性物质由自旋体系、晶格体系及传导电子体系组成。它们不但有各自固有的热运动特性，各体系间还存在着种种相互作用，进行着热交换。衡量材料磁卡效应的参数为等温磁熵变 ΔS_M 和绝热温度变化 ΔT_{ad}。达到热平衡状态时，各体系的温度都相等，等于磁性物质的温度 T，磁性物质的熵 S 可以表示为温度 T，外磁场 H，压强 P 的函数 S（T，H，P），它的全微分可以表示为：

$$\mathrm{d}S = (\frac{\partial S}{\partial T})_{H,P}\mathrm{d}T + (\frac{\partial S}{\partial H})_{T,P}\mathrm{d}H + (\frac{\partial S}{\partial P})_{T,H}\mathrm{d}P \tag{1.1}$$

假定所有过程的压强都是不变的，所以最后一项可以不考虑。在这种情况下，如果该过程是等温变化，则该过程中的熵变：

$$\mathrm{d}S = (\frac{\partial S}{\partial H})_{T,P}\mathrm{d}H \tag{1.2}$$

再根据 Maxwell 关系：$\left(\frac{\partial S}{\partial H}\right)_{T,P}=\left(\frac{\partial M}{\partial T}\right)_{H,P}$ (1.3)

得到任意温度 T 下，外磁场由 0 变为 H 时的等温磁熵变为：

$$\Delta S\ (T,H)=S\ (T,H)-S\ (T,0)=\int_0^H\left(\frac{\partial S}{\partial H}\right)_T \mathrm{d}H=\int_0^H\left(\frac{\partial M}{\partial T}\right)_H \mathrm{d}H \tag{1.4}$$

从（1.4）式可以看到，在相变点附近，磁熵变具有最大值。其大小由两个因素决定：一是 M 对 T 的微分，即磁性的变化快慢，二是磁场的大小。

对于一个绝热的过程则 dS＝0，由比热容的定义 $C_x=T\left(\frac{\partial S}{\partial T}\right)_x$ 及（1.1）（1.3）式得

$$\mathrm{d}T=-\frac{T}{C_{H,P}}\left(\frac{\partial M}{\partial T}\right)_{H,P}\mathrm{d}H \tag{1.5}$$

因而得到了绝热条件下由于外磁场的变化而产生的温度变化一绝热磁温变：

$$\Delta T_{ad}(T,H)=-\int_0^H\frac{T}{C(T,H)}\times\frac{\partial M(T,H)}{\partial T}\mathrm{d}H \tag{1.6}$$

另外，在磁性材料中，不但有磁熵，还有电子熵和晶格熵，具体如下式：

$$S(T,P,H)=S_E(T,P,H)+S_L(T,P,H)+S_M(T,P,H) \tag{1.7}$$

在大多数情况下，电子熵 $S_E(T,P,H)$ 和晶格熵 $S_L(T,P,H)$ 都是不依赖于磁场的，所以在等温等压过程中，在外磁场变化下材料的磁熵变等于系统总的熵变，即：

$$\Delta S_M(T,P,H)=S_M(T,P,H)-S_M(T,P,0)=\Delta S(T,P,H)$$

$$=\int_0^H\left(\frac{\partial M}{\partial T}\right)_H \mathrm{d}H \tag{1.8}$$

对于绝热等压过程，由于总的熵变为零，所以：

$$-\Delta S_M(T,P,H)=\Delta S_L(T,P,H)+\Delta S_E(T,P,H) \tag{1.9}$$

晶格熵和电子熵的变化则表现为系统温度的变化，即磁温变。如果通过实验测得 M（T，H）及 C_H（H，T），根据方程（1.6）、（1.8）就可求解出 ΔT、ΔS_M。

综上所述，表征磁热效应的两种普遍方法就是等温磁熵变和绝热磁温变，其计算方法分别对应（1.8）式和（1.6）式，由 Pecharsky 和 Gshneidner 的讨论，它们的关系可以近似由下式表示[4]：

$$\Delta T_{ad}\ (T,P,H)_{P,\Delta H}\cong-\Delta S(T,P,H)_{p,\Delta H}\frac{T}{C(T,P,H)_{P,H}} \tag{1.10}$$

从（1.10）可以看出，绝热磁温变大小的决定因素除了上述两条外，还要求比热要小。一般来说，金属材料的比热要小于氧化物材料，因此金属比氧化物更适合作为磁制冷工质。另外，根据（1.4）式，磁性材料磁有序状态的转变（二级相变），或者由于结构相变可导致 M 的剧变（一级相变），使 $\left(\frac{\partial M}{\partial T}\right)_H$ 在相变温度附近有极大值，所以磁熵变在相变点附近呈现最大值。与二级相变相比，一级磁相变材料的 M 在相变过程中的变化更加剧烈，所以其磁熵变要大于二级相变材料。因此，当前磁制冷工质的主要研究集中在一级相变材料中。

这里应当指出，Maxwell 关系式中所描述的磁化强度和熵都应当是磁场 H 和温度 T 的连续函数。因而一级相变体系中磁化强度和熵的不连续性与 Maxwell 关系式所描述的情况有所偏差，一般用 Cluasius-Clapeyron 方程[14]来描述：$\Delta S=\frac{\Delta H\Delta M}{\Delta T_C}$，其中 ΔH 为磁场的变化，

ΔT_C为磁场驱动的相变温度的移动。不过，Sun[15]等人对 Maxwell 关系进行推导后发现，Cluasius-Clapeyron 公式为 Maxwell 关系式的导出结果。Maxwell 关系式可用于计算一级相变体系的磁熵变，虽然 Maxwell 关系要求磁化强度 M 在转变温度为连续可微的。对于实际体系，一级相变极少在某一温度点完成，往往在某一温度区间内完成[16]。一级相变过程中，磁有序参数和磁有序的改变同时存在。Maxwell 关系式考虑到了相变前后磁有序参数和磁有序的改变两部分对磁熵变的贡献。在实际的磁测量中，考虑到可能的动力学效应，实验测量的ΔT_{ad}比实际上的要低。另外，考虑到直接测量的误差和间接测量的误差，由 Maxwell 关系式算磁熵变得到的ΔT_{ad}是合理的。因此，Maxwell 关系式可用于一级相变体系的磁熵变计算，并且在实际体系中，与 Cluasius-Clapeyron 公式相比给出更合理的结果。

一级相变材料由于在相变温度处磁化强度随温度陡峭变化，由 Maxwell 关系式可知，在相变温度附近（式 1.8）有大的等温磁熵变，所以本书中我们重点研究了一级相变材料 Ni-Mn 基铁磁形状记忆合金的磁相变及其相关物理效应。由于用超导磁体来产生磁场需要很大的冷却设备，很难在家庭制冷中得到应用，具有实用价值的磁制冷机应当使用永久磁铁来提供外磁场，因此我们着重研究的是上述各种材料在低场下的磁熵变。

1.2.1.2 磁热效应的测量和表征

判断一种材料磁热效应的大小，必须要经过实验测定。Gschneidner 等将磁热效应测试的基本方法归结为两种：直接测量法和间接测量法。

1. 直接测量方法

（1）脉冲方法：直接测量材料中由于加上或撤去由电磁铁产生的磁场而产生的温度变化的方法是由 Weiss 和 Forer 在 1926 年提出来的。1969 年，Clark 和 Callen 用这种方法测量了 YIG（yttrium iron garnet）在强场（110 kOe）下的磁热效应。在该实验中，样品的温度是用热电偶测量的。1985 年，Kruth 等人改进了这个方法，他们采用微分热电偶测量样品的温度差，从而得到了更为准确的结果。

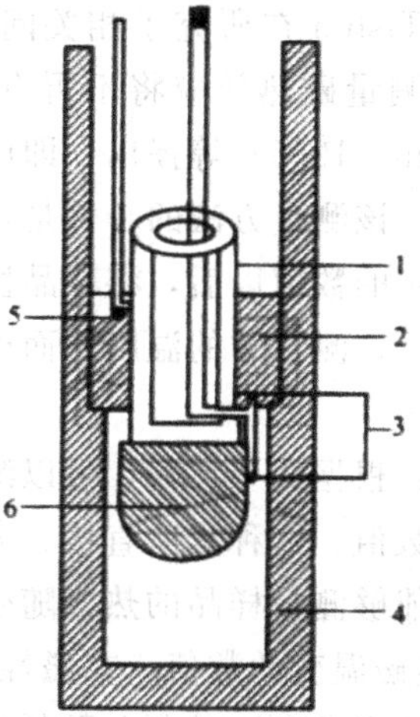

图 1.4 温差电偶法直接测量磁卡效应的实验装置示意图

1—绝热管；2—铜环；3—测量 ΔT_{ad} 的温差电偶；4—铜隔离套；5—测量平均温度的温差电偶；6—试样

图 1.4 为温差电偶法直接测量磁热效应的实验装置示意图，温差电偶 3 直接测量大块铜 2、4 与试样 6 的温度差，同时温差电偶 5 测量体系的平均温度。Borovikov 等人在 1981 年测量了 $FeCO_3$ 在脉冲磁场中的磁热效应，在他们的实验中，密绕线圈在直径为 5.5 mm、长度为 20 mm的空间内产生了强度为 270 kOe，持续时间达到 2 ms 的脉冲磁场，材料的温差则由热电偶或磁光的方法测出。后来，人们进一步改进了脉冲方法测量磁热效应装置的低温控制部分[17]，考虑了各种系统和随机误差（例如热电偶之间的干扰，各种热损失和涡流等等），并总结出这样的装置测量误差大约为 8%～ 15%，因而可以用来测量磁热效应。

2. 静态仪器测量方法：对于电磁铁来说，它产生的磁场可以在几秒钟之内达到最大值。然而，对于由超导线圈产生的磁场，要达到最大值则需要几分钟的时间。因此，如果使用前面的方法测量超导磁场中的磁热效应，在增加磁场的几分钟内样品内的热量散失会很大，测量出来的结果将非常不准确。Tishin 在研究了相关问题后得出结论：在超导线圈磁场下，脉冲方法测量磁热效应将不再有效。替代的方法分别由 Tishin（1988）和 Nikitin（1985）等提出：即可以将样品快速地放入超导线圈所产生的磁场中。该测量方法的步骤是：开始将样品放置在磁场以外，当磁场升到所指定的数值以后，将样品快速放入（大约 1 秒钟），当样品在磁场中央固定后，测量它的温度从而得出磁热效应的数值[18]。

2. 间接测量方法

（1）磁性测量方法：根据式（1.8），可以测量不同温度下的等温磁化曲线来计算磁熵变的数值。这种方法直接、方便，因而得到了许多科学工作者的认可。如果能够测量样品的热容随磁场的变化，那么还可以根据式（1.6）计算绝热磁温变的数值。在磁性测量方法中，Pecharsky 和 Gschneidner[19] 指出可能遇到的困难主要有两个：第一是在相变点附近，主要是由于样品放热或者吸热以及样品与热电偶之间的接触不良而产生的测量误差；第二是有些磁性材料在低温下由于磁滞而产生的一些问题。

（2）热容测量方法：根据热力学的基本关系式，可以得到由比热容计算熵的方法，如下式所示：

$$S(T,H)=\int_0^T \frac{C(T,H)}{T}\mathrm{d}T \tag{1.11}$$

如果零场和某磁场 H 下的热容数据可以测到，那么绝热磁温变和等温磁熵变的数值都可以得到，具体如下：

$$\Delta T = T(S,H)-T(S,0) \tag{1.12}$$

和 $$\Delta S_M = S(T,H)-S(T,0) \tag{1.13}$$

有关此种方法误差的相关工作是由 Pecharsky 和 Gschneidner 做的[19]，结果显示，根据比热容得来的方法的准确性也令人满意。在室温附近，等温磁熵变的误差为 100～300 mJ/mol K，而绝热磁温变的误差为 1～1.5 K。在低温区域，误差会进一步变小，从而达到更好的效果。该测量方法的精度完全取决于比热容测量的精度、温度和磁场强度控制的精度。越是靠近居里温度，磁热效应越强，相对误差也就越小。计算得到的 ΔT_{ad} 和 ΔS_M 的数值分别代表了磁性材料在居里温度达到的熵变和温变最大值。比热容法误差为1%左右，对于磁比热容计的要求比较高，需提供不同的磁场，低温时则要求液氦等冷却，高温时需要加热装置，并且在测试过程中要求对温度能够程序控制等。

1.2.1.3 磁制冷工质分类及研究进展

磁制冷中制冷的效果和效率依赖磁制冷工质的等温磁熵变和绝热磁温变等因素。磁制冷研究中一个十分关键的问题就是磁制冷工质的选择和研究。不同的制冷温区采用不同的磁制冷材料，根据制冷温区可将磁制冷材料分为以下几类：低温磁制冷材料、中温磁制冷材料和高温磁制冷材料（包括室温磁制冷材料），下面将分别加以介绍。

（1）低温磁制冷材料

20 K 以下温区的制冷工质通常是顺磁材料。20 世纪 30 年代，使用顺磁盐类作为磁制冷工质，成功地获得 mK 量级的极低温。此外，1.5～20 K 是制备液氦的重要温区，工作于该温区的工质主要有 $Gd_3Ga_5O_{12}$（GGG），$Y_2(SO_4)_2$，$Dy_3Al_5O_{12}$（DAG），$Gd_2(SO_4)_3 \cdot 8H_2O$，$Dy_2Ti_2O_7$，$Gd(OH)_2$，$Gd(PO_3)_3$，$DyPO_4$，$DyNi_2$，$ErNi_2$，$HoNi_2$，Er_3Ni，$Er_{0.6}Dy_{0.4}$ 等。其中以 GGG 和 DAG 为最常用，GGG 适用于 1.5～10 K 温度范围，DAG 适用于 15～20 K 温度范围，且性能优于 GGG。另外，4.2 K 以下磁制冷材料常用 GGG 和 $Gd_2(SO_4)_3 \cdot 8H_2O$ 等作为工质材料生产液氦，而 4.2～20 K 则常用 GGG、DAG 进行氦液化的前级制冷。近年来尤其对 Er 基等材料进行了深入研究，如表 1.1 所示。

表 1.1 20 K 以下温区一些磁制冷工质

磁制冷工质	Tc (K)	ΔH (kOe)	ΔS_M	ΔT_{ad} (K)
ErNiAl	6	50	21.6 J/kg K	
Er_3AlC	5.5	75	7.6 J/mol K	
$ErNi_2$	6	75	2.3 J/mol K	

续 表

磁制冷工质	T_c（K）	ΔH（kOe）	ΔS_M	ΔT_{ad}（K）
$Er_3AlC_{0.25}$	7	75.3		9.6
$Er_3AlC_{0.1}$	8	75.3		8
$Er_3AlC_{0.5}$	6.5	75.3		10.4
$ErAl_2$	13.5	50		12.3
$(Gd_{0.2}Er_{0.8})NiAl$	11	50	18.4 J/kg K	
$(Dy_{0.25}Er_{0.75})Al_2$	11	50	22 J/kg K	
$DyNi_2$	20	75	3.2 J/mol K	
$(Dy_{0.1}Er_{0.9})Al_2$	17.7	75	4.2 J/mol K	13.1
ErAgGa	7	75	2.25 J/mol K	
ErRuSi	8	50	21.2 J/kg K	

（2）中温磁制冷材料

在 20～80 K 温区，关于中温磁制冷材料的研究主要集中在稀土铝、稀土镍型材料。日本学者对 RAl_2 和 RNi_2 做了研究，由不同居里温度的化合物做成复合体，得到一种 $(ErAl_2)_{0.312}\cdot(HoAl_2)_{0.198}\cdot(Ho_{0.5}Dy_{0.5}Al_2)_{0.49}$ 的复合材料，其工作温度在 15～45 K。Hashimato 把 $RAl_{2.2}$ 系列的四种化合物按一定比例复合成一种层状结构的烧结体 $(ErAl_{2.2})_{0.306}\cdot(HoAl_{2.2})_{0.153}\cdot(Ho_{0.5}Dy_{0.5}Al_{2.2})_{0.025}\cdot(DyAl_{2.2})_{0.518}$。经测量和计算，在 15～60 K 范围获得了大致不变的磁熵变值，这也证明层状结构磁制冷材料是适合埃里克森循环的复合材料之一。这一温区具有代表性的磁制冷工质是 RAl_2 和 RNi_2 系列合金[20-21]。表 1.2 归纳了这一温区的一些磁制冷工质。

表 1.2 20～80 K 温区一些磁制冷工质

磁制冷工质	T_C（K）	ΔH（kOe）	ΔS_M	ΔT_{ad}（K）
$DyAl_{22}$	63.9	75	3.2 J/mol K	9.18
$TbNi_2$	37	75	3.55 J/mol K	
$DyNi_2$	20	75	3.2 J/mol R K	
$DyAl_2$	63	50		7
$(Gd_{0.4}Er_{0.6})NiAl$	21	50	3.76 J/mol K	
$(Dy_{0.25}Er_{0.75})Al_2$	24.4	75	4.6 J/mol K	11
$(Gd_{0.5}Er_{0.5})NiAl$	25	50	13.2 J/kg K	
$(Gd_{0.1}Dy_{0.9})Ni_2$	28	75	4.8 J/mol K	
DyAlNi	29	75	2.15 J/mol K	
$(Dy_{0.6}Er_{0.4})NiAl$	29	50	12.2 J/kg K	
GdNiAl	29	50	10.5 J/kg K	
$(Dy_{0.4}Er_{0.6})Al_2$	31.6	75	6.4 J/mol K	10.4
GdPd	38	75	3.4 J/mol K	9.75
$(Dy_{0.5}Er_{0.5})Al_2$	38.2	75	6.7 J/mol K	10.46
$(Dy_{0.7}Er_{0.3})Al_2$	47.5	75	4.4 J/mol K	9.83

（3）高温磁制冷材料

80 K 以上温区的磁制冷材料多为铁磁性材料，主要包括重稀土及其合金、稀土一过渡金属化合物、过渡金属及其合金、钙钛矿化合物。80 K 以上温区的磁制冷材料是高温磁制冷材料中最重要、用量最大的一类，特别是接近室温磁制冷材料，因其具有取代传统氟利昂制冷系统的趋势而备受关注。如果能够实现 80 K 以上室温磁制冷，将会带来巨大的经济效益和社会效益。但关键是寻找一类磁制冷工质，使得它在中等磁场（10～20 kOe）下仍有较高的磁熵变。

近二十年来科学家们在理论和实践中做了大量的工作，先后发现了许多稀土一过渡金属类金属间化合物和某些铁氧体均存在磁热效应。这里重点提出的是近年来出现的几个具有巨磁热效应的材料。1997 年，郭载兵等较早地研究了钙钛矿型锰氧化物，他们在 $La_{1-x}Ca_xMnO_3$ 系列材料中发现了高于 Gd 的磁熵变[22-23]。以后关于各种钙钛矿型锰氧化物材料磁熵变的报道不断出现[24-26]，这类材料最大的特点是磁熵变较大，相变温度可调，价格相对便宜，化学性质稳定以及电阻率大，缺点是它们的密度较低且导热性较差。$La_{1-x}Ca_xMnO_3$ 与 Gd 的磁熵变比较如图 1.5 所示。此后关于高温磁制冷材料的研究主要集中在一级磁性相变材料中，并取得了令人振奋的成果，相关内容放在后面介绍。

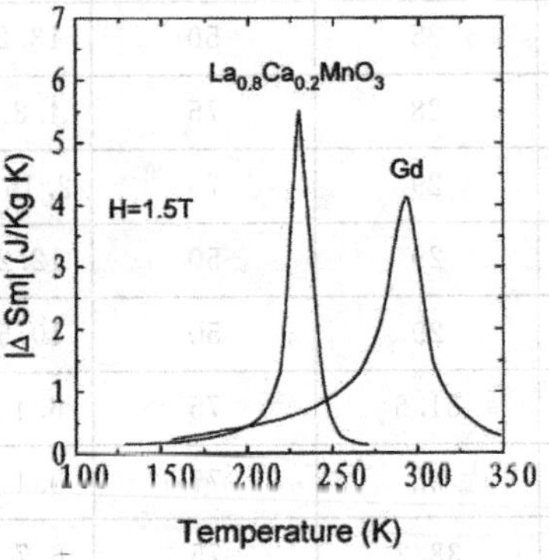

图 1.5 $La_{0.8}Ca_{0.2}MnO_3$ 与 Gd 的磁熵变比较

除了一级磁相变材料在磁制冷应用方面的研究以外，非晶材料因其工作温区宽、电阻率高（涡流损耗小）、不易氧化等特点也是高温磁制冷材料的研究热点之一。最近，Franco 等人对铁基非晶进行了一系列深入的研究，这些铁基非晶一般具有较高的居里温度，他们报道了 $Fe_{91-x}Mo_8Cu_1B_x$（$x=15$，17，20）非晶的磁卡效应，发现调节 Fe 和 B 的比率可以改变工作温区，而且磁熵变的大小基本保持不变（如图 1.6）[27]。此外，他们还研究了 Mn 掺杂对 $Fe_{60-x}Mn_xCo_{18}Nb_6B_{16}$（$x=0$，2，4）非晶的居里温度及磁熵变的影响（如图 1.7）[28]。研究表明随着 Mn 含量的增加，合金的居里温度逐渐降低，同时磁熵变值也有所减小。这类材料的一般熵变值比较小，如何提高它们的磁熵变值是下一步研究的重点。

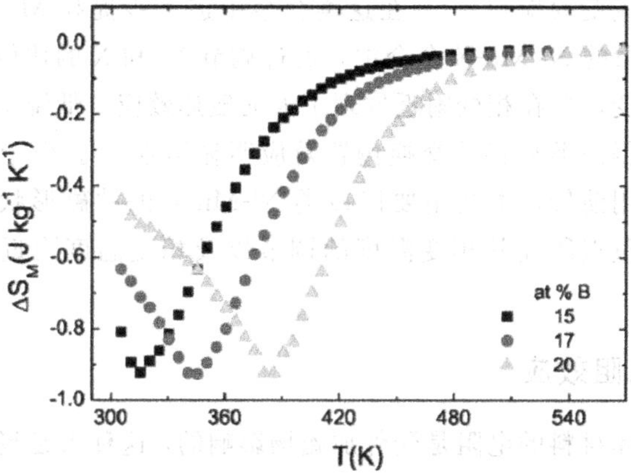

图 1.6 $Fe_{91-x}Mo_8Cu_1B_x$ 的磁熵变与温度的关系

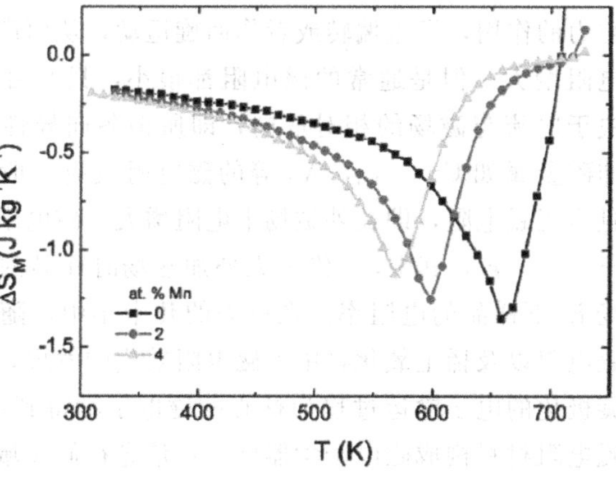

图 1.7 $Fe_{60-x}Mn_xCo_{18}Nb_6B_{16}$ 的磁熵变与温度的关系

2004 年，Sutou 等人发现了一类新型 Ni-Mn-X（X＝In，Sn，Sb）铁磁形状记忆合金[29]。这类合金在一定的成分范围内随着温度降低会经历一个从高温奥氏体到低温马氏体的结构相变。在马氏体相变温度附近，磁场能够诱导这类合金发生从低温弱磁性马氏体到高温铁磁性奥氏体的马氏体相变，并在马氏体相变过程中伴随着磁化强度、电阻率及晶胞体积的突变。因此在这类合金中也发现了大的磁热效应、大的磁电阻效应、磁滞应变效应[30-32]。在这类合金中进一步提高 Mn 的含量，即在高 Mn 含量的 Ni-Mn-X 合金中，通过调节 Ni 和 X 的比例，同样实现了马氏体相变，并在相变附近发现了大的磁热效应。低温下反铁磁作用的增强，使得该类材料的交换偏置效应明显增强[33]。由于这类材料具有广阔的应用前景，本文主要以该类 Ni-Mn 基的铁磁形状记忆合金为研究对象，重点研究其相变温度的调节以及相变温度附近的相关物理效应。

1.2.2 磁电阻效应

许多导体材料的电阻是受外加磁场影响的，这种由磁场改变引起导体电阻率变化的现象被称为磁电阻（*MR*）效应。几乎所有的金属、合金及半导体都或大或小地存在着磁电阻效应。这是因为传导电子在磁场中受到洛伦兹力的作用，发生偏转或者作回旋运动，从而产生附加的散射截面，使电阻增大。但是通常的磁电阻都很小，只有百分之几的量级，并且取决于电流与磁场的相对取向，即所谓各向异性的磁电阻效应。普通的非磁金属如 Cu，Ag，Au 等的磁电阻效应一般很小，大约1%～2%，且为正磁电阻，即在外磁场下电阻增大。磁电阻一般定义为 $MR = (r_H - r_0) / r_0$，其中，r_0代表无外加磁场时样品的电阻率，r_H是指外加磁场 H 下样品的电阻率。在过去的几十年中，随着多层膜和颗粒膜的巨磁电阻以及稀土氧化物中大磁电阻效应的发现，以研究、利用和控制自旋极化的电子输运过程为核心的磁电子学得到很大的发展。同时，用巨磁电阻材料构成磁电子学器件，在信息存储领域获得广泛的应用。

1.2.2.1 磁电阻效应的分类

磁电阻效应的产生有不同的物理机制，按不同的物理机制可以大致分为：正常磁电阻（OMR，ordinary MR）、各向异性磁电阻（AMR，anisotropic MR）、庞磁电阻效应（CMR，colossal MR）、隧道磁电阻效应（TMR，tunnel MR）、巨磁电阻效应（GMR，giant MR）等。下面简单介绍几类比较重要的磁电阻机制。随着信息技术的发展，电路芯片的大容量、存储信息的高密度化、电子器件的微型化促使人们不断地发现新的物理现象，开发新型功能材料，以实现如高磁存储密度、高灵敏度、快速读写等基于凝聚态物理、电子学、材料科学、光学和纳米科技间的密切交叉。20 世纪 90 年代以来，基于巨磁电阻效应的纳米磁性薄膜已经广泛地应用在传感器和磁盘存储方面，实现了信息产业革命性的技术变化，其中最直接的莫过于近几年来电脑硬盘和各种数字存储产品存储密度和容量的狂飙性的增长。

正常磁电阻效应普遍存在于所有磁性和非磁性材料中，其来源于磁场对电子的洛伦兹力，它导致载流子运动发生偏转或产生螺旋运动，使电子碰撞几率增加，电阻升高。实际中大部分材料的正常磁电阻都比较小，没有实际应用价值。

各向异性磁电阻效应存在于铁磁金属及其合金材料中，电阻率随外加磁场方向与通过样品的电流方向的相对取向的变化而改变。例如，对于铁、钴、镍及其合金等强磁性金属，当外磁场平行于磁体内部磁化强度的方向时，电阻几乎不随外加磁场变化，当外磁场偏离金属的内磁化方向时，此类金属的电阻值将减小。这从宏观上看是很自然的，因为磁性材料本身就是各向异性的。在物理机制上，大家普遍认为各向异性磁电阻效应来源于各向异性散射，这主要是由于电子自旋一轨道耦合和势散射中心的低对称，使得电子波函数的对称性降低，从而导致电子散射的各向异性[34-35]。另外，铁磁性磁畴在外磁场下各向异性运动，使各向异性磁电阻效应强烈依赖于自发的磁场方向。设 $\rho_{\%}$ 为磁场方向与电流方向平行时样品的电阻率，而 ρ_{∞} 为垂直时的电阻率，其各向异性磁电阻的大小定义为：$AMR=(\rho_{\%}-\rho_{\infty})/\rho_0$，其中 ρ_0 为退磁状态下的电阻率。实际上理想的退磁状态很难实现，忽略畴壁散射的变化对磁电阻的少量贡献，一般取 $\rho_0=(\rho_{/\!/}+\rho_{\perp})/3$。在磁场中，电阻率变化量 $\Delta\rho_{\infty}$ 为正，$\Delta\rho_{\%}$ 为负值。铁磁金属的 *AMR* 在室温下可以达到 2%～3%，一些磁性材料的磁矩在很小的磁场下就可以翻转，所以灵敏度比较高。*AMR* 效应最大的材料是坡莫合金，在温度为 5 K 时能达到 15%，并且在室温下仍然可达 2.5%[36]。由于 AMR 具有小的饱和磁场和高的磁场灵敏度，在弱磁场下电阻变化量比较大，因此适合于弱磁场条件下使用。AMR 效应有着非常广泛的应用，比如 20 世纪 90 年代初期计算机读出磁头以及各种高灵敏度的磁场传感器等。

在 20 世纪 80 年代，磁电阻技术在硬盘磁头方面成为重要的技术，这时广泛用于制造磁头的材料是坡莫合金。随着计算机不断发展，人们对数据存储量的要求不断加大，因而迫切需要提高硬盘的存储密度。但是如果大幅度提高硬盘的存储密度，每个磁单元就要做得非常小，因而每个单元的磁场强度就会降到很低。一般情况下，磁电阻的改变是非常微小的，其变化不到一个百分点，因此当时研究者认为想要提高基于磁电阻技术磁头的效能非常困难。如何提高磁致电阻效应成为当时制约硬盘存储密度进一步扩大的瓶颈。

1988 年，两个独立的研究小组分别在 Fe/Cr/Fe 和 Fe/Cr 多层膜系统中得到超过 50%的磁电阻变化率，这个结构远远超过了多层膜中 Fe 层磁电阻的总和，所以这种现象被称为巨磁电阻效应（GMR 效应）[37-38]。这类薄膜的电阻能随外磁场的方向和大小发生变化，因而可以将此类薄膜做成磁场传感器、磁编码器、高密度磁记录用磁头等元件，并且薄膜磁阻变化率越大，磁阻元件的灵敏度越高。

由 Grünberg 领导的课题组使用的是 Fe/Cr/Fe 三明治结构[37]，Fe 层是铁磁性材料，Cr 层是非磁性材料，如图 1.8（a）中的插图所示。当 Cr 层的厚度合适时，两 Fe 层之间存在反铁磁耦合作用。1988 年，法国物理学家 Fert 领导的研究组使用的是 $(Fe/Cr)_n$ 多层膜[38]，其中 n 最高达到 60，如图 1.8（b）中的插图所示。

从图 1.8 中看出，不管是三层膜还是多层膜，样品都显示出巨大的磁电阻效应。特别是在 Fert 研究的多层膜结构中，随着外加磁场增大，电阻逐渐下降，并且随着材料堆叠层数的增加，磁电阻效应也在增强，最大可达到约 50%。另一方面，三层膜结构的磁电阻效应相对较小，除了因为该结构只有三层膜，还因为如图中显示的是在室温下测量的结果，而 Fert 的测量是在低温下进行的；该三层膜结构也在低温下进行了测量，发现磁电阻的变化也达到了约 10%。

巨磁电阻效应可以定性地用建立在自旋相关散射基础上的二流体模型来解释，其中较为直观的是等效电阻模型[39]。由于大多数的传导电

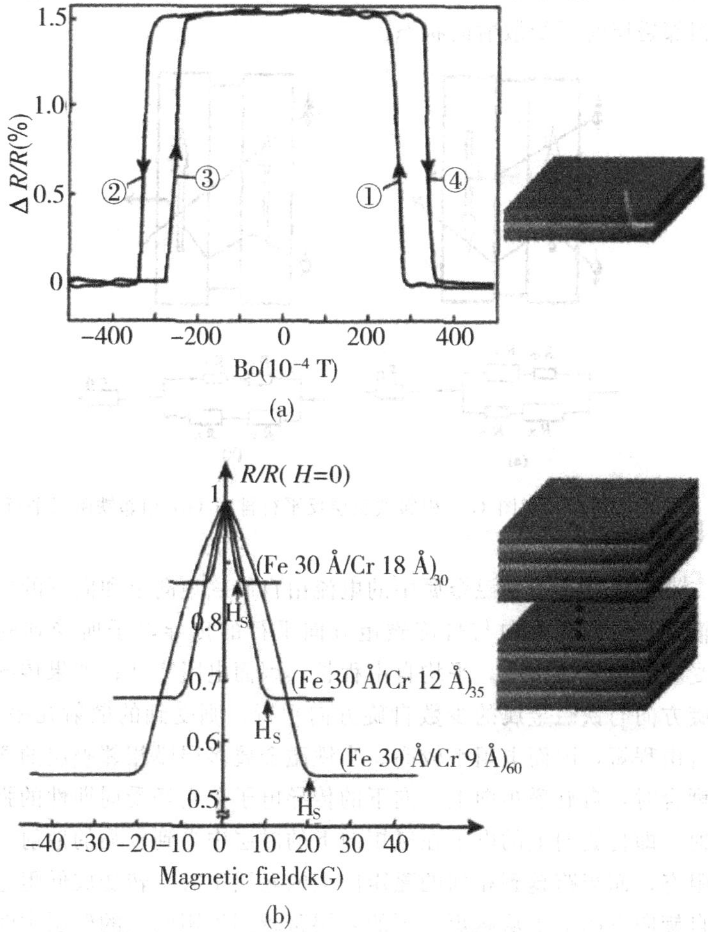

图 1.8 (a) 室温时 Fe/Cr/Fe 三层膜电阻随磁场的变化，插图是三层膜的结构示意图；(b) 低温下 Fe/Cr 多层膜的结构示意图

子在非磁性散射过程中均不使电子自旋发生反转，可以将导电分解为自旋向上和自旋向下两个几乎独立的电子导电通道，并且相互并联，如图 1.9 所示。图 1.9 (a) 为自旋相反的两个传导电子穿过两个磁矩反平行

排列的相邻磁层所受散射的状态；图 1.9（b）为穿过两个磁矩平行排列的相邻磁层时所受散射的状态。

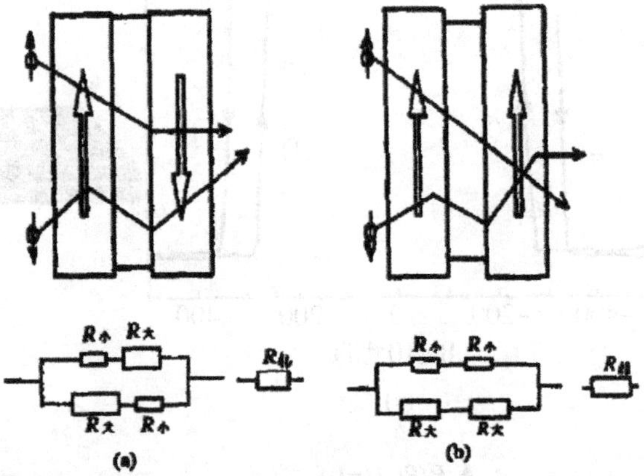

图 1.9 二流体模型示意图（a）相邻铁磁层反平行排列（b）相邻铁磁层平行排列

二流体模型认为铁磁金属中的电流由自旋磁矩向上和向下的电子分别传输，区域磁化方向与自旋磁矩方向平行的传导电子所受到的散射小，受到的散射几率小，平均自由程长，因而电阻率低，如果传导电子的自旋方向与铁磁金属的少数自旋方向平行，则受到的散射几率增大，平均自由程短，因而电阻率较高。当铁磁金属多层膜相邻磁层的磁矩反铁磁耦合时，自旋磁矩向上、向下的传导电子分别经受周期性的强、弱的散射，即自旋向上的电子在磁矩向下的磁层中受到较强的散射，表现为高阻态；而当跨越到相邻的磁矩向上的磁层中时会转变成低阻态。同样，自旋向下的电子从磁矩向下的磁层跨越到磁矩向上的磁层中时，其电阻从低阻态转变为高阻态；当相邻铁磁层在磁场的作用下磁矩趋于平行时，自旋向上的电子受到的散射较小，相当于自旋向上的电子构成了类似短路的状态。传导电子的磁矩方向与自旋方向相同时其可以很容易地穿过磁层并且只受到很弱的散射作用，而自旋方向与多层膜中磁矩取向相反的传导电子会受到强烈的散射作用。整体来说，有一半传导电子处于低电阻通道，多层膜处于低电阻状态。实际上并不是所有磁性多层膜都有大的磁电阻值。实验结果还表明，层间交换辐合的性质在具有反铁磁耦合的磁性多层膜结构中常随多层膜中非磁层厚度的变化而在反铁磁与铁磁间振荡。巨磁电阻效应同时随之振荡，其峰及谷分别对应于铁磁和反铁磁耦合，各层磁矩反平行时电阻最大，平行时电阻较小。

单磁的铁磁性颗粒镶嵌在不相溶的介质薄膜中所构成的复合材料，颗粒膜具有微颗粒和薄膜双重特性及其交互作用效应，所以从磁性多层膜巨磁效应的研究延伸到磁性颗粒膜巨磁电阻效应的研究有其一定的必然性。1992 年，Chien 与 Berkowitz 分别在 Co-Cu 及 Co-Ag 颗粒膜中发现了与多层膜类似的磁电阻效应[40-41]。继 Co/Cu 之后，有课题组采用共溅射法相继制备了 Fe/Ag、Fe/Cu、Fe/Au 和 Fe/Pt 等过渡金属颗粒膜，并系统地研究了它们在不同组分与不同温度下的巨磁电阻效应。北京大学戴道生教授等采用共蒸发方法制备了 Fe/Ag 颗粒膜，1.5 K 的低温下获得的磁电阻效应为 48%。国内南京大学都有为教授领导的科研小组用离子束溅射的方法制备了 Co/Ag 颗粒膜，用磁控溅射制备了 Co/Cu 和 Co/Ag 颗粒膜，在室温下得到的最大磁电阻效应约为 20%。关于颗粒膜巨磁电阻效应起源的理论模型主要有两种观点，一种认为与多层膜相类似，而另一种则认为磁性颗粒在颗粒膜体系中是单畴铁磁性的，它的导电机制与两种散射机制有关。颗粒膜的巨磁电阻效应有其特殊性，即颗粒大小与表面的粗糙度对薄膜磁电阻特性会产生直接的影响。因此，无论哪种观点都必须符合颗粒膜的这一特性。颗粒膜因其结构的特殊性，需要较高的外磁场去克服颗粒的各向异性能，实现电阻率的较大变化。因此，使用它作为磁头材料，目前来说是不现实的。

颗粒膜与多层膜有一定的相似之处，两者均属于两相或多相非均匀体系。不同的是多层膜中相分离具有人工周期结果，可以存在一定的空间取向关系；而纳米微粒在颗粒膜中呈混乱的统计分布。多层膜和颗粒膜的巨磁电阻没有本质的区别，电子在颗粒膜中输运受到磁性颗粒与自旋相关的散射，产生巨磁电阻效应。通常颗粒膜系统中的铁磁颗粒的磁矩看作在空间呈混乱排列，在磁场作用下颗粒的磁矩趋向于沿磁场方向排列，从而传导电子的散射必然与磁矩的取向有关。从微观的观点来看，散射的矩阵元取决于传导电子的自旋与杂质磁矩的相对取向。磁性颗粒膜中的磁矩是任意取向的，对于自旋向上和向下的电子散射矩阵的平均值是一样的。在外加磁场作用下，颗粒的磁矩一致排列后，散射矩阵的平均值对于自旋向上和向下的电子散射的大小发生改变，由于电导率来自自旋向上的电子和自旋向下的电子的电导率的并联，因此在外加磁场下某一种自旋通道可以视为短路，所以颗粒膜中的磁矩在平行排列时的电阻率最小，也就是出现负磁电阻效应。

在磁性多层膜巨磁电阻效应的研究中，巨磁电阻效应一般发生在磁性层/非磁层/磁性层之间，其中非磁性层为金属层。在多层膜体系中，对于非磁层为半导体或绝缘体材料的多层膜体系，在垂直于膜面的电压作用下产生隧穿电流，产生隧穿磁电阻效应[42]。在磁隧道阀中，磁场克服两铁磁层的矫顽力就可以使它们的磁化方向转到与磁场方向一致，这时隧道电阻达到极小值。如果将磁场反向，矫顽力小的铁磁层中的磁化方向首先反转，这时两铁磁层的磁矩方向相反，隧道电阻变为极大值。所以在非常小的外磁场下即可实现极大值，因此磁场的灵敏度高。同时磁隧道结这种结构本身电阻率高，能耗较小，性能稳定，所以被认为具有很大的应用价值。

巨磁电阻效应的发现打开了新的科学和技术的大门，特别是对数据存储和磁传感器产生了巨大影响。巨磁电阻效应的发现及其应用，是一个科学新发现带来全新技术和商业产品的很好示例。

1.2.2.2 磁相变材料中的磁电阻效应

近年来，除了前面所说的正常磁电阻、各向异性磁电阻、巨磁电阻、隧道磁电阻等效应以外，一些磁相变材料在特定温度区间内，也表现出明显的与温度相关的磁电阻效应。这种在相变温度附近表现出大的磁电阻效应，既无法归结于人们熟知的正常磁电阻和各向异性磁电阻效应，同时，它们独特的与温度相关的磁电阻特性又显然与磁性多层膜或者颗粒膜中的巨磁电阻和隧道磁电阻效应不同，因此受到了人们的广泛关注。在这类合金中，有一个典型的特征，在相变温度附近磁场能诱导材料发生剧烈的一级相变，并且在相变过程中伴随着磁化强度的巨大跃变。这些剧烈的变磁性相变，一方面可能来源于磁有序状态的改变，例如从某一弱磁相（顺磁、反铁磁、弱铁磁）到另一铁磁相的跃变，导致自旋电子散射率的改变；另一方面则可能来源于晶格结构的改变，导致能态密度和价电子浓度的改变。这两种机制都会导致电阻率的巨大变化。对于不同的材料体系，它们可能单独存在，又或者两者兼而有之。除此之外，温度也能对相变产生明显的影响，所以这类磁相变材料表现出非常丰富的输运特性。本书后面的有磁电阻效应的研究主要是针对不同的具有变磁性相变的磁性合金体系进行。

1.2.3 交换偏置效应

交换偏置效应是指铁磁/反铁磁体系从反铁磁材料的奈尔温度以上加磁场冷却到低温或者在磁场中依次生长铁磁/反铁磁体系时，铁磁材料的磁滞回线沿着磁场轴发生移动同时伴随着矫顽力增加的现象。1956年，Meildejohn 和 Bean 在部分被氧化的 Co 粒子中发现了交换偏置现象[43]，如图 1.10 所示。图 1.10 是他们测量的 Co/CoO 体系的实验结果。当外磁场沿着冷却场的方向测量时，磁滞回线将向负磁场方向偏离，偏离原点的大小称为交换偏置场（H_{EB}）。在这里，$H_{EB}=(H_{C1}+H_{C2})/2$，其中 H_{C1} 和 H_{C2} 分别为磁滞回线与横坐标的左边和右边交点处的磁场强度。同时，也可以看出样品的磁滞回线不再对称，其下降支和上升支的形状变得不再相同。随后，人们在很多铁磁/反铁磁体系中均发现了交换偏置效应，并进行了一系列深入的研究。

虽然交换偏置效应最先在纳米颗粒材料中发现，然而大部分研究都集中在铁磁/反铁磁的薄膜体系中。最初认为：首先，在薄膜上才具有增加 FM/AFM 交换耦合组合数目的可能性。比如一种精细颗粒只能用一种化学方法处理其表面，并获得起反作用的壳层，即反铁磁性壳层；其次，通过控制铁磁一反铁磁层的微观结构以及在一定程度上控制界面的粗糙度或界面层，就可以在这类体系中较容易地实现对铁磁/反铁磁界面的调控；最后，由于交换偏置在自旋阀和隧道器件中的基本应用，引起了人们对这类薄膜系统的广泛研究。除此之外，Shumryev 等利用铁磁/反铁磁界面的交换偏置效应在 Co 和 CoO 的复合颗粒中克服了 Co 的超顺磁限制，提高了铁磁性颗粒的温度稳定性，并且增大了铁磁性的矫顽力[44]。该研究成果有可能为铁磁性颗粒突破其超顺磁极限提供解

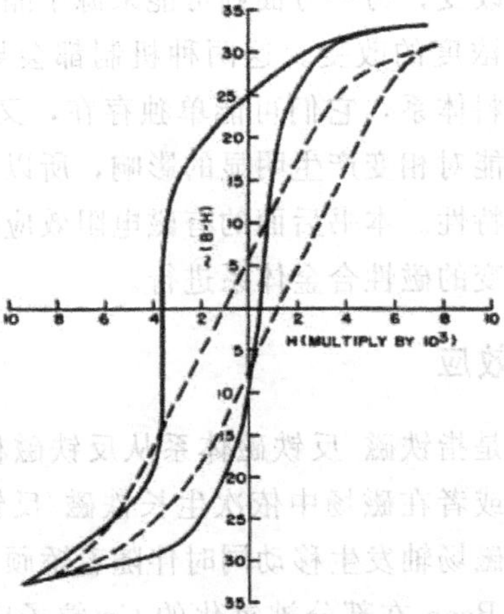

图 1.10 磁场冷却后，部分氧化的 Co 颗粒的磁滞回线

决方案，从而也引起了人们研究铁磁/反铁磁纳米复合材料的广泛兴趣。在实际应用方面，工业上需要有系统地减小自旋阀和其他交换偏置器件的尺寸，这促进了对应用光刻技术制造交换偏置纳米结构的研究热潮。另外，当尺寸减小时，铁磁/反铁磁材料中会出现一系列新颖的性质，比如增加了表面效应，造成磁化翻转或超顺磁性。因此，颗粒尺寸会对铁磁/反铁磁颗粒体系产生极大的影响。现在对磁交换偏置效应的研究集中在铁磁性过渡金属与其本身反铁磁氧化物的复合材料中，如 Co/CoO，Fe/Fe_3O_4，Ni/NiO 等，而对全氧化物的铁磁/反铁磁纳米复合材料的研究则较少。然而，其后交换偏置研究的重点主要集中在铁磁反铁磁薄膜材料上，这主要是因为薄膜的铁磁/反铁磁界面容易控制其生成过程，且容易表征；从应用上看，这种层间交换偏置耦合研究已经取得实用化结果，被用于先进的磁存储器件中。

一般大家认为交换偏置效应的物理起源是由铁磁/反铁磁两相界面处的交换耦合作用产生的，即反铁磁相对铁磁相的“钉扎”作用。实际上，对交换偏置现象最直观的描述为在磁场冷却过程中，铁磁/反铁磁两相界面上的铁磁自旋与反铁磁自旋平行排列，这种耦合作用对铁磁自旋有一个额外的转矩，需要施加更大的磁场才能使铁磁自旋改变方向。

在该物理描述中，可以看出，反铁磁相必须有足够大的磁晶各向异性能，才能观察到交换偏置效应；否则，若其磁晶各向异性能太小，只能观察到矫顽力 H_C 的增加。这也说明并不是所有存在铁磁/反铁磁耦合的体系都有交换偏置效应。

图 1. 11 描述了铁磁/反铁磁双层膜交换偏置效应的产生过程。当温度处于 $T_N < T < T_C$ 时，在磁场下冷却，这时铁磁层的磁矩沿着外磁场方向排列；而反铁磁自旋仍处于无序状态，由于反铁磁层界面处的磁矩随机排列，此反铁磁层与铁磁层磁矩之间总的交换耦合作用为零。当温度降至 T_N 以下时，反铁磁变成磁有序，并且界面上的反铁磁与铁磁层之间为铁磁耦合（如图 1. 11 左图所示），并且两层材料的磁矩是平行排列的。如图 1. 11（a）和（b）所示，在退磁场过程中，外磁场沿着冷却场的方向逐渐减小，铁磁层的磁矩开始随外场转动，而反铁磁层中的磁矩排列不受影响。因此，界面上反铁磁的磁矩对铁磁层中的磁矩施加了一个微观转矩以阻止铁磁磁矩的转动；这时，需要提供更大的磁场来克服这个阻力，从而使铁磁自旋完全沿外磁场方向排列，即矫顽力增大。当外场沿着原方向增加时，如图 1. 11（c）和（d）所示，界面上的微观转矩作用则有助于铁磁磁矩的转动，需要的外场降低，相应的矫顽力减少，最终导致了磁滞回线发生偏移。

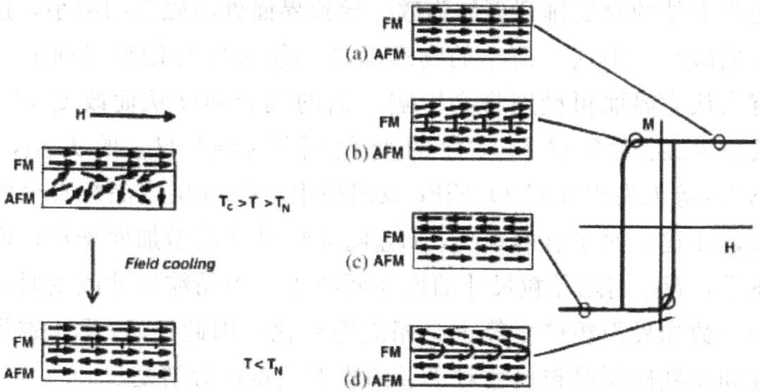

图 1. 11 铁磁/反铁磁系统产生交换偏置的磁化反转过程自旋构型示意图（假设图中的反铁磁层具有足够大的磁晶各向异性能）

上面只是给出了交换偏置的简单物理图像，但仍然缺乏对该现象的微观理解。

在铁磁/反铁磁体系中，有许多其他因素，如铁磁层和反铁磁层材料的厚度、界面粗糙度、晶粒尺寸、温度、冷却磁场的大小等等，都会对交换偏置效应有一定的影响，下面主要从这几个方面介绍。

铁磁层和反铁磁层材料的厚度。对各种交换偏置体系的研究表明，H_{EB}一般反比于铁磁层材料的厚度，这也说明交换偏置是一种界面效应。另外，H_C总是随着铁磁层厚度的增加而减小。至于反铁磁层材料的厚度与交换偏置的关系相对比较复杂，总的趋势是存在一个临界厚度，当反铁磁层材料的厚度超过临界厚度时，交换偏置场才能出现并且随反铁磁层厚度的增加而增加；如果反铁磁层较厚时，交换偏置场趋于某一固定值并且不再随反铁磁层的厚度发生变化。同时，矫顽场在反铁磁层的厚度由小到大的过程中也会出现一个峰值。

界面粗糙度及晶粒尺寸也极大地影响着铁磁/反铁磁界面处的自旋排列情况，同时影响着体系的交换偏置行为。一般情况下，H_{EB}会随着界面粗糙度的增加而减少，但是也有研究表明H_{EB}对界面粗糙度不敏感或者随粗糙度的增加而增加，不同的课题组得到的结论不尽相同。根据唯象模型，理论上来说对于未补偿型界面，界面粗糙度的增加将使得反铁磁层界面处的自旋排列更加弥散，导致界面处净磁矩的减小，进而造成H_{EB}的减小。但这一简单的物理图像不能解释补偿型界面的实验结果，有人认为界面粗糙度将会影响界面的耦合强度从而改变H_{EB}的大小。反铁磁层内部晶粒尺寸的变化同样影响H_{EB}的大小，比如Beekowits等人发现在CoO/NiFe双层膜中，CoO层内晶粒直径的倒数和H_{EB}成正比。对于有的系统，H_{EB}随晶粒尺寸的增加而增加；而另外一些体系，H_{EB}则随晶粒尺寸的增加而减小。当晶粒尺寸改变时，其他的一些参数如界面粗糙度等也会相应地变化，因此铁磁/反铁磁界面的粗糙度和反铁磁层晶粒尺寸对H_{EB}的影响很难区分清楚。

实验研究表明，H_{EB}将随着测量温度的升高而逐渐减小。当测量温度高于某一温度时，交换偏置效应将会消失，这一温度为截止温度。该温度与反铁磁材料的奈尔温度不同，它不是一个本征的物理量，而是依赖于反铁磁材料本身、反铁磁材料的厚度以及晶粒的尺寸等因素。有的体系，截止温度与奈尔温度很接近，而对于另外的一些体系，截止温度则会比奈尔温度要低。另外，交换偏置体系的矫顽力也是测量温度的函数，当温度比截止温度高时，铁磁/反铁磁体系的交换偏置效应将消失，同时体系的矫顽力也随之减小到单层铁磁材料时的数值。

铁磁/反铁磁双层膜在磁场中冷却是产生交换偏置效应的必要条件之一。研究结果表明，冷却磁场小于铁磁层材料的饱和场时，H_{EB}将随冷却场的增加而不断增加，如果冷却场大于铁磁层材料的饱和场，冷却场的大小对H_{EB}的影响变得很小。另外，调节冷却磁场的方向也可以使铁磁/反铁磁界面处交换耦合的方向发生变化。在一般的交换偏置体系中，磁滞回线沿坐标轴的移动方向与冷却场方向相反，这就是负交换偏置效应。然而有的体系如FeF_2/Fe和MnF_2/Fe中，发现在冷却磁场较大时，磁滞回线的移动方向与冷却场的方向相同，也就是出现正的交换偏置效应。这种正向的交换偏置效应是由铁磁层/反铁磁层界面处的自旋之间存在反铁磁性耦合而引起的。研究结果表明，无论是补偿型界面还是未补偿型界面，反铁磁界面处的自旋结构或者磁畴结构在磁场冷却过程中都将出现变化，并由此产生一个小的附加磁矩，从而产生了交换偏置现象。

在理论研究方面，已有解释交换偏置效应的几种模型。交换偏置效应的发现者 Meiklejohn 和 Bean 最先提出了一个简单物理图像对该效应进行了定性的解释，该模型简称为 M-B model[45]，然而其计算结果比实验值大了几个数量级。后来，继 Mauri 等人在 1987 年提出平行界面的畴壁模型之后，IBM 托马斯沃森研究中心的 Malozemoff 在 1987 年又提出了随机场模型[46-47]。该模型认为真实的界面都不可避免存在一定的粗糙度或缺陷，当反铁磁层界面存在粗糙度或者缺陷时，自旋在原子尺度上的分布是不均匀的。因此，补偿型界面在微观尺度上或者在界面局部的区域内也能产生净磁矩。考虑到铁磁层自旋对反铁磁层自旋起到某种“随机场”的作用，反铁磁层界面的某些位置将存在局域的非零交换耦合能，并且能进一步地引起交换偏置效应。虽然这种新模型所给出的理论值更接近实验结果，但其过分地依赖自己提出的随机场和界面处的杂质缺陷，仍然无法解释所有交换偏置体系。

虽然有关交换偏置效应的研究主要集中在纳米颗粒体系和薄膜体系中，有些研究发现在一些相分离体系中也出现了交换偏置效应。相分离是指在样品的结构均一没有杂相的前提下自发形成的电子和磁的不均匀分布。例如，类钙钛矿型稀土锰氧化物中存在着结构相分离和电子相分离现象，因此一般有几种不同的相共存体系，包括铁磁和反铁磁相的共存。所以，这种由内在相分离所产生的交换偏置效应是体系的一种本征性质。多相共存的相分离来源主要有两种：一种是电子相分离，由不同相之间的电子密度不同导致，形成的团簇是在纳米尺度；另一种是相同电子密度的相之间由于无序诱导的相分离，这具有逾渗的特点，主要来源于金属—绝缘转变附近产生的无序，共存相的团簇可达到微米量级。在具有电荷有序态块材 $Pr_{1/3}Ca_{2/3}MnO_3$ 中发现交换偏置效应以后[48]，人们在 $La_{1-x}Sr_xCoO_3$ 体系[49]，$Y_{0.2}Ca_{0.8}MnO_3$[50]，$La_{0.87}Mn_{0.7}Fe_{0.3}O_3$[51] 等材料中相继发现了这一现象。除了上面所说的这些类钙钛矿型稀土锰氧化物中发现交换偏置现象，有课题组在 $Ni_{50}Mn_{36}Sn_{14}$ 铁磁形状记忆合金中也发现了交换偏置效应[52]。Ni-Mn 基铁磁形状记忆合金在经历马氏体相变以后，由铁磁的奥氏体相转变为弱磁的马氏体相。在这类合金中，低温马氏体相同时包含铁磁和反铁磁交换作用，存在铁磁和反铁磁的界面，因而同样出现相分离现象，导致交换偏置效应。在本文中，交换偏置效应的研究主要集中在这类 Ni-Mn 基的铁磁形状记忆合金中。

第三节　磁性相变合金的研究进展

相对于传统的二级相变材料，磁性相变合金，特别是磁性一级相变合金在相变温度附近表现出了丰富的物理性质以及广阔的应用前景，从发现以来就是人们研究的热点。二级磁相变材料在相变点附近的磁化强度的变化相对缓慢，导致磁熵变的数值相对较小，但其相变温区相对较宽，因此磁制冷能力也可以达到一个较大的数值。这就使得二级磁相变材料在磁制冷的发展中占有重要的地位。对于一级磁相变材料，除了随温度变化发生相变以外，在相变点附近磁场也能够驱动材料发生磁相变，同时伴随着磁化强度的突变。因此，在一级磁相变材料的相变温度附近发现了大的磁热、磁电阻以及磁致应变等效应。因此这类材料在国际上引起了广泛的关注，并且不断有一些振奋人心的结果报道出来。根据相变过程中是否发生晶体结构的变化，一级磁相变合金可以分为两大类：一类是磁弹性相变合金，这类合金中相变前后的晶体结构不发生变化，但是晶格会有一定的扭曲，并且磁场可以诱导磁化强度发生跃变；另一类是磁结构相变合金，在这类合金中相变前后的晶体结构发生变化，并且磁场可诱导晶格结构和磁化强度同时发生改变。下面简要介绍这两类一级磁相变合金近年来的研究进展。

1.3.1 磁弹性相变合金

RCo_2（R＝稀土）化合物具有 $MgCu_2$ 型的晶体结构，空间群为 Fd3m。由于该类材料奇特的磁学性质，近几十年来一直得到凝聚态物理研究者的广泛关注。RCo_2 化合物的一个奇特的现象是，外磁场或稀土子晶格产生的分子场可以诱导 Co 子晶格的铁磁性，这也被称为巡游电子变磁性。因此，在 RCo_2 化合物中也发现了大的磁卡效应、磁弹效应、磁致伸缩等效应。当 R 是 Pr、Nd、Sm 和 Gd 等磁性离子时，RCo_2 在居里温度附近发生二级磁相变；当 R 是 Dy、Ho 和 Er 等非磁性离子时，RCo_2 在居里温度附近发生一级磁相变，在相变温度附近，磁化强度剧烈下降，伴随着电阻率和晶胞体积的突变，并且能观察到尖锐的比热峰。一级磁相变的存在将导致 RCo_2（R＝Dy，Ho，Er）类材料在相变点具有巨大的磁热、磁电阻等效应，如图 1.12 和 1.13 所示[53−55]。

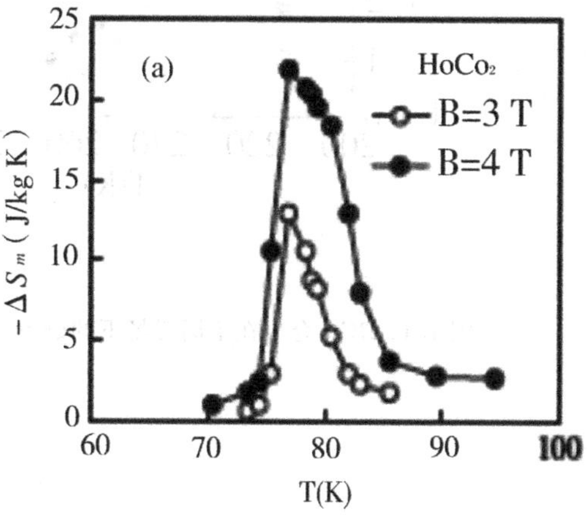

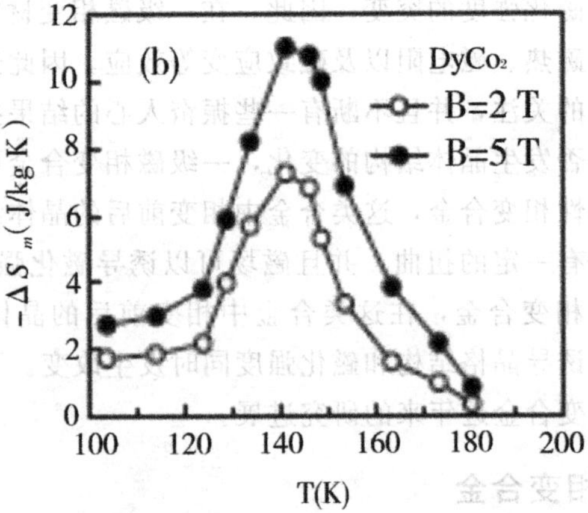

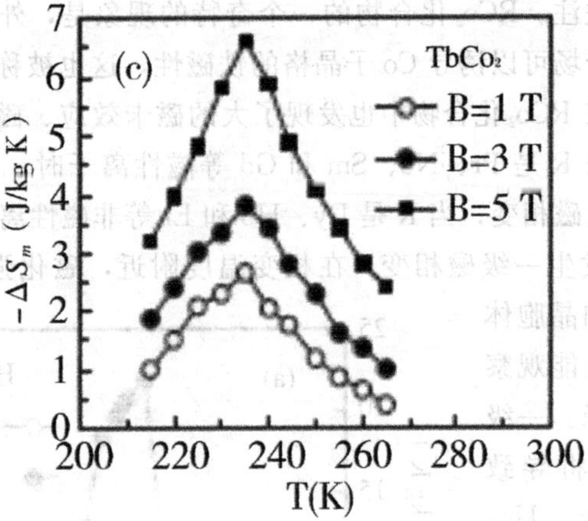

图 1.12 RCo_2合金在不同磁场下的磁熵变随温度变化曲线

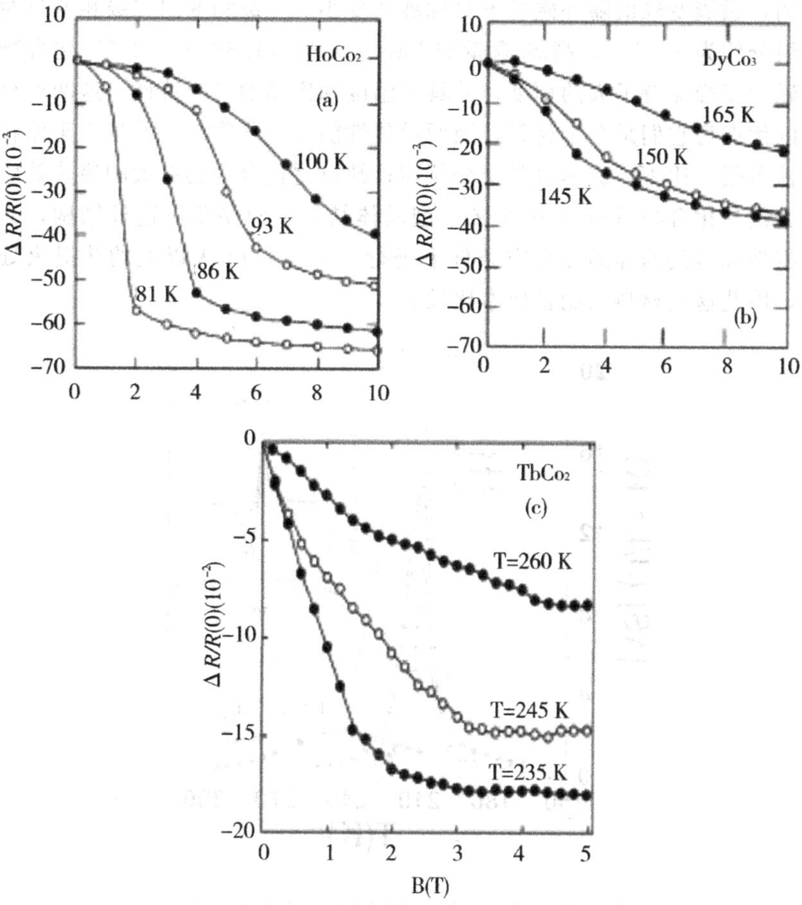

图 1.13 RCo_2合金不同温度下的磁电阻随磁场变化曲线

从 2000 年开始，胡凤霞等先后在 $LaFe_{11.4}Si_{1.6}$ 和 $La(Fe_{0.98}Co_{0.02})_{11.7}Al_{1.3}$中发现了大于 Gd 的磁熵变，如图 1.14 所示[56−58]。他们发现在低 Si 含量的 $LaFe_{13-x}Si_x$（$1.2\leqslant x\leqslant 1.6$）化合物中，其相变性质为一级相变，相变发生时伴随有大的磁体积效应，晶格参数和磁化强度两者随温度的陡峭变化导致巨大磁熵变；居里温度以上观察到磁场诱导的巡游电子变磁转变，磁熵变峰随磁场增加向高温区不对称展宽。随着转变行为减弱，磁熵变峰值随外磁场不对称展宽变小。一级相变向二级相变过渡的组分约为 $x=1.6$，高 Si 含量的 $LaFe_{13-x}Si_x$（$1.6\leqslant x\leqslant 2.6$）化合物的磁熵变峰保持了大的幅度，并具有温度和磁场的可逆特性。这两种材料的优点为它们是合金材料，因而导热性能比氧化物好，并且由于原料中铁占很大比重，成本也是十分低廉；缺点是化合物具有大的磁热效应的关键是化合物具有立方 $NaZn_{13}$ 型晶体结构，而要获得这种结构，必须将熔炼得到的样品在真空条件下进行 950 ℃，14 天以上的热退火处理，因此这类材料的制备成本比较高。

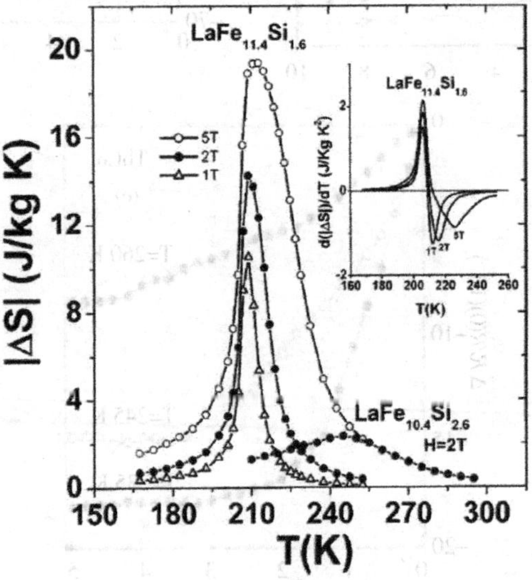

图 1.14 $LaFe_{11.4}Si_{1.6}$ 的磁熵变与温度的关系

2002 年 Tegus 等在 $MnFeP_{1-x}As_x$[59] 中发现了室温附近的可以和 $Gd_5Si_{4-x}Ge_x$ 系列材料相媲美的磁热效应，并且该材料中的一级磁性相变是导致大磁热效应的直接原因（图 1.15）。当 x 在 0.15 和 0.66 之间时，通过调节 P、As 比例在 3∶2 到 1∶2 之间改变，可以使其居里温度在 200 到 350 K 之间变化。随着 P 含量的减少，居里温度逐渐升高，但磁熵变并没有减小。当 $H=20$ kOe 时，$MnFeP_{0.45}As_{0.55}$ 磁熵变为 14.5 J/kg K，为金属 Gd 的 4 倍多。该系列磁制冷工质的原材料价格低廉，来源广泛，且制备工艺简单，是比较理想的室温磁制冷工质，其缺点主要是该化合物中含有有毒物质 As。

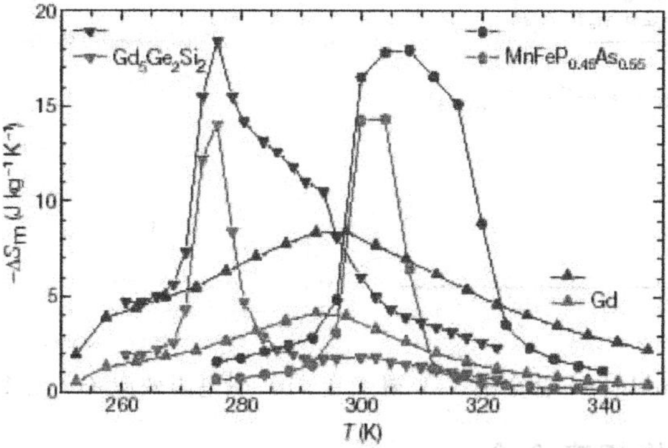

图 1.15 $MnFeP_{0.45}As_{0.55}$，$Gd_5Si_2Ge_2$ 以及 Gd 的磁熵变值比较

三元稀土和过渡族金属的化合物 RMn_2X_2（R 为稀土原子，X＝Ge，Si）大都具有体心四方的 $ThCr_2Si_2$ 结构（空间群 I4/mmm）。在化合物中，R，Mn 和 X 原子各自形成垂直于 c 轴的原子层，并沿着 c 轴按 R-X-Mn-X-R-X-Mn-X-R 的顺序排列。这种结构与天然的超晶格结构类似，因而其磁学性质与原子层间距的高度紧密相关，并且表现出了复杂的磁性相变行为。从磁性角度分析，RMn_2Ge_2 中存在 2 个子系统：R 子系统和 Mn 子系统，这 2 个子系统分别具有不同的磁有序温度。Mn 原子磁矩有序化温度相对较高，而稀土原子磁矩有序化温度则较低。以 $SmMn_2Ge_2$ 合金为例，随着温度的降低，首先发生一个从顺磁到反铁磁的转变，然后又变成铁磁态。温度的进一步降低使 Mn 子系统在 150 K 经过一次一级相变从铁磁又变成了反铁磁态，此时 Sm 子系统的磁矩无序排列。在 100 K，Mn 子系统又变成铁磁性，此时 Sm 子系统也成为铁磁性[60]。在相变过程中，100 K 和 150 K 的这两个相变是一级相变，主要表现在相变中伴随着磁性的突变、晶格大小的变化以及电阻的突变[61]。因此，在相变温度附近，发现了大磁熵变和磁电阻效应，如图 1.16 所示。

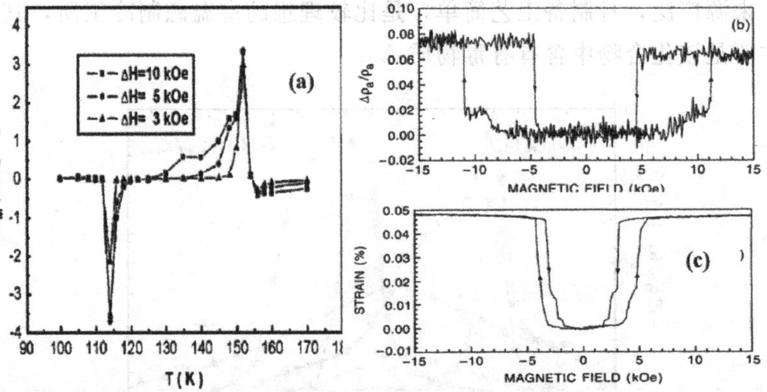

图 1.16 $SmMn_2Ge_2$合金的（a）磁熵变（b）磁电阻效应（c）磁致应变效应

1.3.2 磁结构相变合金

磁结构相变合金在相变的过程中伴随着结构的变化，并且晶体相变和磁性相变相互耦合，因而在相变附近表现出丰富的物理性质。1997年，Pecharsk 和 Gschneider 在 *Physics Review Letter* 上报道了 $Gd_5Si_{4-x}Ge_x$系列合金中的巨磁热效应，如图 1.17 所示[62]。

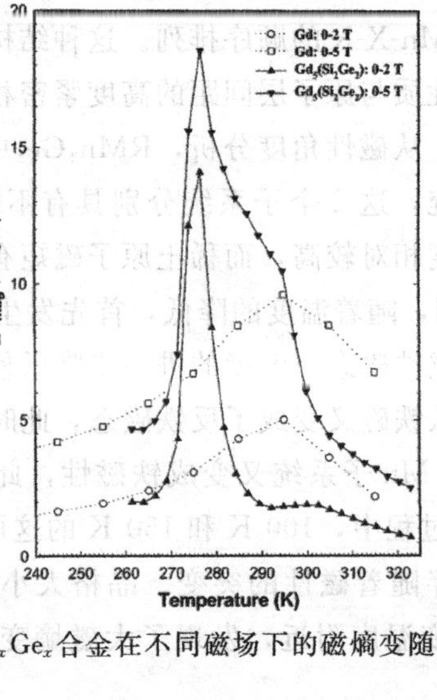

图 1.17 $Gd_5Si_{4-x}Ge_x$合金在不同磁场下的磁熵变随温度变化曲线

在该系列合金中，改变温度或者外磁场可以诱导出从正交到单斜的结构相变，同时伴随着磁化强度的跃变。这类相变是剧烈的一级相变，相变过程中伴随着较大的热滞和磁致现象。在 $Gd_5Si_{4-x}Ge_x$ 合金中，当 $0 \leqslant x \leqslant 0.5$ 时，其最大的磁熵变值对应的温度在 30～280 K 变化；其中 $Gd_5(Si_{0.5}Ge_{0.5})_4$ 在 5 T 磁场下最大磁熵变值达到 19 J/kg K，为 Gd 的最大值的两倍。由于磁场诱导的结构相变导致电阻率和晶胞体积的跃变，因此也能观察到较大的磁电阻和磁致应变效应。但是，客观地讲，该类合金还有许多有待进一步深入研究的问题。例如 $Gd_5Si_{4-x}Ge_x$ 合金的性能对杂质元素比较敏感，对材料纯度的要求较高。然而高纯的 Gd 和 Ge 原料价格昂贵，使得成本居高不下，因而限制了它的商业应用。

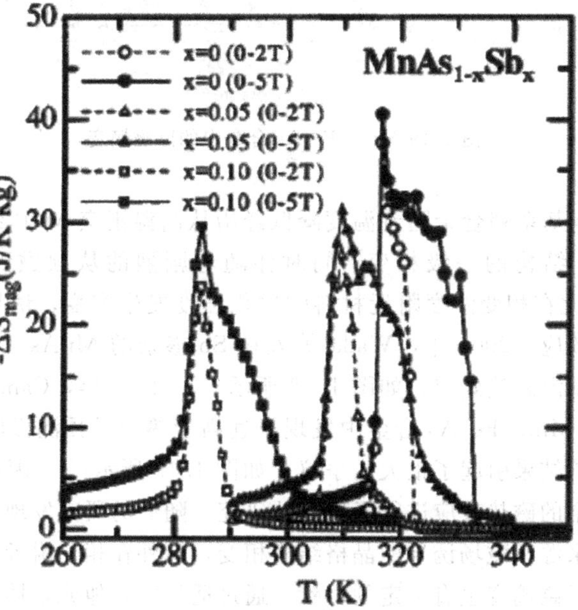

图 1.18 $MnAs_{1-x}Sb_x$ 合金中的磁熵变

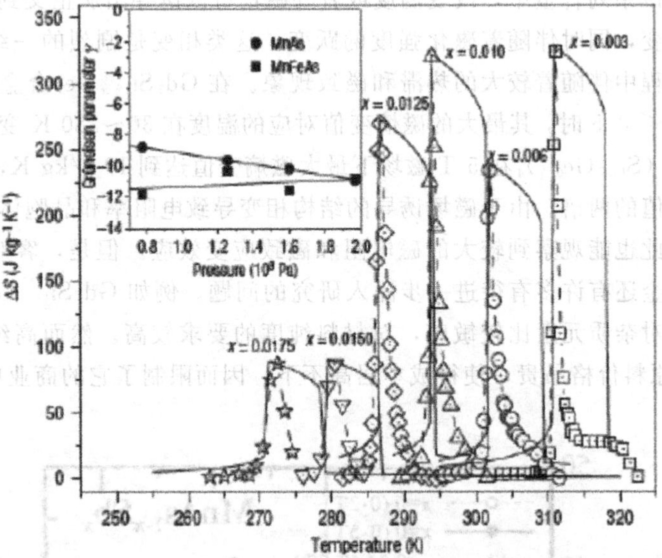

图 1.19 $Mn_{1-x}Fe_xAs$ 合金中的巨磁熵变

MnAs 基系列合金随着温度降低经历从高温正交 MnP 结构到低温六角 NiAs 结构的一级相变，同时伴随着剧烈的从顺磁到铁磁的相变[63]。因此在相变温度附近材料的磁化强度发生突变，诱导出一个很大的磁热效应。2001 年，Wada 等人在 Sb 掺杂的 $MnAs_{1-x}Sb_x$ 合金中发现了巨室温磁热效应，如图 1.18 所示[63]。2006 年，Campos 等人在 Fe 掺杂的 $Mn_{1-x}Fe_xAs$ 合金中发现了远高于热力学预测极限的巨磁熵变，但是该结果引起了很大的争议，如图 1.19 所示[64]。因此，人们围绕此类合金的磁热效应进行了广泛的研究。随后的研究发现该巨磁熵变效应可能来源于磁场诱导的晶格结构相变，另外在相变附近两相结构的共存对此巨磁熵变也有一定的贡献。通过适量的其他元素掺杂或者施加机械静压，可以大幅调节这类合金的相变温度并能在较宽的温区内保持较大的磁熵变值。

2004 年，日本东北大学的 Sutou 等人报道了一类新型非正分的 Ni-Mn-X（X＝In，Sn，Sb）铁磁形状记忆合金[65]。这类合金随着温度降低经历一个从高温铁磁性奥氏体到低温弱磁性马氏体的结构相变，并且该相变可以由磁场来驱动。由于结构相变的过程中耦合着磁相变，所以在相变过程中伴随着磁化强度、电阻率及晶胞体积的突变。因此，在这类合金的磁性马氏体相变附近发现了大的磁熵变、磁电阻和磁致应变效应，分别如图 1.20，1.21，1.22 所示，使得这类合金近年来得到广泛研究[66-67]。在 Ni-Mn-X 合金中，铁磁和反铁磁交换作用共存于低温马氏体相，因而在这类合金中也观察到了一定的交换偏置现象。本书在 Ni-Mn-X 铁磁形状记忆合金研究的基础上，通过多种方法调节了该类合金中的马氏体相变温度，并且研究了相变温度附近的磁热、磁电阻等效应。另外，在这类合金中提高 Mn 的含量，进一步研究了高 Mn 含量的 Mn-Ni-X 合金中的马氏体相变、磁热、磁电阻以及交换偏置效应。

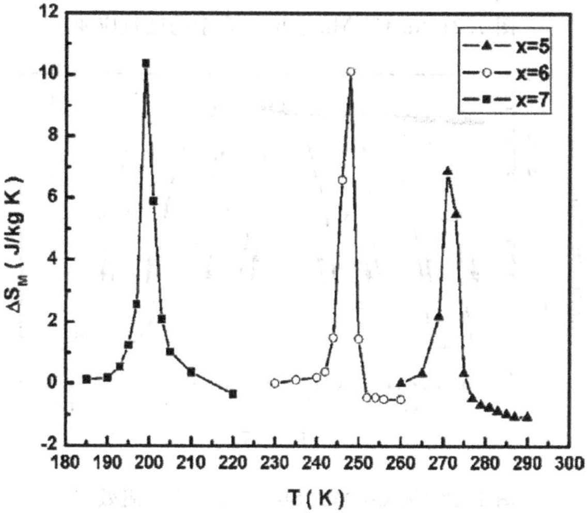

图 1.20 $Ni_{50-x}Mn_{30+x}Sn_{11}$ 合金在 1 T 磁场下的磁熵

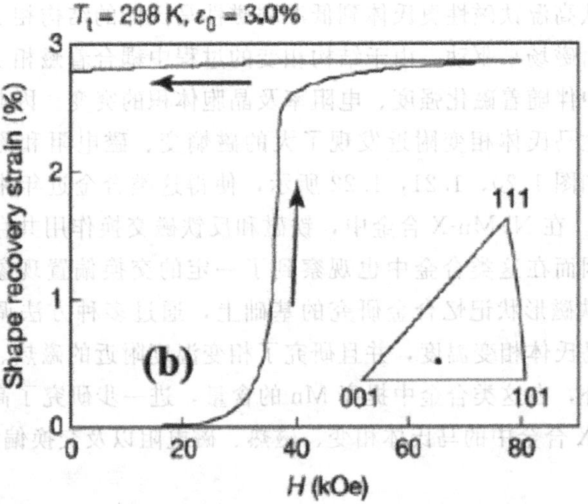

图 1.21 $Ni_{45}Co_5Mn_{36.7}In_{13.3}$合金的磁致应变

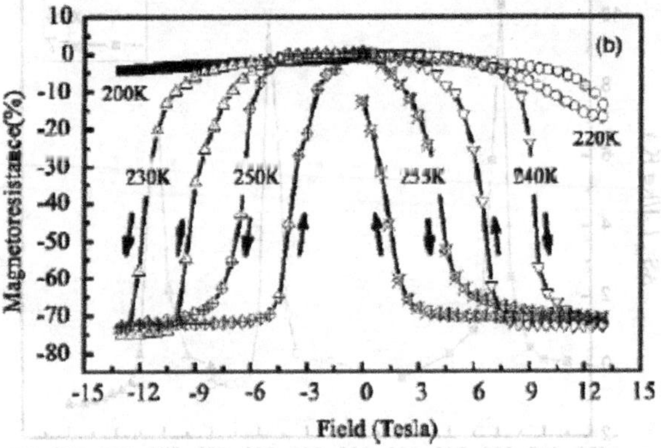

图 1.22 $Ni_{41}Co_9Mn_{39}Sb_{11}$合金的磁电阻效应

第四节　本书的研究思路和主要内容

一级磁性相变材料已经成为一种新型的磁性功能材料，它是兼有晶体结构相变和强磁性的智能材料。磁相变过程中，材料的晶格对称性、磁化强度等发生变化，这些变化和系统的温度、磁场、应力等多种外界因素紧密耦合。因此，磁相变材料表现出了丰富的物理效应，使得这类材料在磁制冷、驱动器、传感器等方面有着广阔的应用前景。无论是从相变机理方面，还是面向实际应用方面，这类材料都具有潜在的研究价值。由此可以看出，一级相变材料的研究已经成为一个热点，本书重点研究的 Ni-Mn 基系列一级相变材料正是在这个背景下进行的。在铁磁形状记忆合金的研究中，马氏体相变温度的调节以及其在相变温度附近的磁学性质是一个重要的研究方向。本书的研究内容主要分为以下几个方面：

（1）在 Ni-Mn-Sn 铁磁形状记忆合金中研究用 Sb 来替代 Sn 对合金的马氏体相变温度及相变温度附近磁熵变的影响；利用小半径的 B 原子进行间隙位掺杂，通过改变合金的晶格常数改变晶格内磁性原子间的间距，相应地改变合金中磁性交换作用的类型和强弱，最终达到调节马氏体相变温度及相变温度附近磁熵变的目的。

（2）利用熔体快淬的方法制备 Ni-Mn-Sn 铁磁形状记忆合金的快淬条带，通过改变退火温度的方法得到一系列具有不同内应力但成分相同的 Ni-Mn-Sn 合金，有效地调节了材料的马氏体相变温度，并在相变温度附近发现了大的磁熵变、磁电阻效应。

（3）在 Ni-Mn-X 合金的基础上，进一步提高合金中 Mn 含量，即在 Mn-Ni-X 合金的基础上通过调节合金中 Ni 和 X 的比例，在 Mn-Ni-X 合金中实现马氏体相变。在此基础上，进一步研究相变附近的磁热、磁电阻效应以及低温马氏体相的交换偏置效应。

（4）在 Mn-Ni-X 合金的基础上，研究不同的元素掺杂，如 Ti，Ge，Cu 等元素掺杂对马氏体相变及其相变附近磁热、磁电阻效应的影响。

（5）研究了金属 Co、Fe 掺杂对 Ni-Mn-Al 合金的马氏体相变及相变附近的磁热、磁电阻效应的影响。通过 Co、Fe 的掺杂，在 Ni-Co-Mn-Al 以及 Ni-Fe-Mn-Al 合金中实现了从铁磁的奥氏体到弱磁的马氏体的马氏体相变，并且在相变附近发现了大的磁熵变和磁电阻效应。

参考文献

[1] 徐祖耀．相变物理．北京：科学出版社，1999.

[2] 徐洲，赵连城．金属固态相变原理. 北京：科学出版社，2004.

[3] 冯端. 金属物理学：第二卷：相变．北京：科学出版社，1998.

[4] P. A. Lindgård，and O. G. Mouritsen. Phys. Rev. B 41 (1990) 688.

[5] E. Brück. J. Phys. D 38 (2005) R381.

[6] E. Warburg，I. Magnetische Untersuchungen，Uber einige Wirkungen der Coercitivkraft. Ann Phys 13 (1881) 141.

[7] P. Langevin. Ann. Chim. Phys 5 (1905) 70.

[8] P. Weiss，and A. Piccard. Compt Rend，166 (1918) 325.

[9] P. Debye. Ann. Phys 81 (1926) 1154.

[10] J. Gianque，J. Amer. Chem. Soc. 49 (1927) 1864.

[11] W. F. Giauque，J Amer. Chem. Soc. 49 (1927) 1864.

[12] G. V. Brown. J. Appl. Phys. 47 (1976) 3673.

[13] R. D. Memiehael，J. J. Ritter，and R. D. Shull. J. Appl. Phys. 73 (1993) 6946.

[14] A. J. Reyer，and P. Tanglang. J. Phys. Radium 14 (1953) 8284.

[15] J. R. Sun，F. X. Hu，and B. G. Shen. Phys. Rve. Lett. 85 (2000) 4191.

[16] F. X. Hu，B. G. Shen，J. R. Sun，and Z. H. Cheng. Appl. Phys. Lett. 78 (2001) 3675.

[17] D. S. Yu，A. M. Tishin，V. K. Pecharsky，and K. A. Gschneidner Jr. Rev. Sci. Instr. 68 (1997) 2432.

[18] S. A. Nikitin，A. S. Andreenko，A. M. Tishin，A. M. Arkbarov，and A. A. Zherdev. Phys. Met. Metallogr. 60 (1985) 56.

[19] V. K. Pecharsky, and K. A. Gschneidner, Jr. Adv. Cryog. Eng. 42 (1996) 423.

[20] A. M. Tishin. Handbook of Magnetic Materials. Edited by K. H. J. Buschow, Vol. 12, Cha. 4.

[21] T. Hashimoto, T. Numasawa, M. Shino, et al. J. Cr. Yogenics, 21 (1981) 647.

[22] X. X. Zhang, J. Tejada, Y. Xin, G. F. Sun, et al. Appl. Phys. Lett. 69 (1996) 3596.

[23] Z. B. Guo, Y. W. Du, J. S. Zhu, H. Huang, W. P. Ding, and D. Feng. Phy. Rev. Lett. 78 (1997) 1142.

[24] R. Dudric, F. Goga, S. Mican, and R. Tetean. J. Alloys Compd. 553 (2013) 129.

[25] X. Bohigas. Appl. Phys. Lett. 73 (1998) 390.

[26] W. Zhong, W. Chen, W. P. Ding, N. Zhang, Y. W. Du, and Q. J. Yan. Solid State Commun. 106 (1998) 55.

[27] V. Franco, C. F. Conde, J. S. Blázquez, A. Conde, P. Švec, D. Janičkovič, and L. F. Kiss. J. Appl. Phys. 101 (2007) 093903.

[28] V. Franco, C. F. Conde, J. S. Blázquez, M. Millán, and A. Conde. J. Appl. Phys. 102 (2007) 013908.

[29] T. Krenke, M. Acet, E. F. Wassermann, X. Moya, L. Mañosa, and A. Planes. Phys. Rev. B 72 (2005) 014412.

[30] K. Koyama, H. Okada, K. Watanabe, T. Kanomata, R. Kainuma, W. Ito, K. Oikawa, and K. Ishida. Appl. Phys. Lett. 89 (2006) 182510.

[31] T. Krenke, E. Duman, M. Acet, E. F. Wassermann, X. Moya, L. Manosa, and A. Planes. Nat. Mater. 4 (2005) 450.

[32] Z. D. Han, D. H. Wang, C. L. Zhang, H. C. Xuan, B. X. Gu, and Y. W. Du. Appl. Phys. Lett. 90 (2007) 042507.

[33] H. C. Xuan, Q. Q. Cao, C. L. Zhang, S. C. Ma, S. Y.

Chen, D. H. Wang, and Y. W. Du. Appl. Phys. Lett. 96 (2010) 202502.

[34] H. C. Van Elst. Physica 25 (1959) 708.

[35] T. R. Mc Guire, and R. I. Potter. IEEE Trans. Mag. 11 (1975) 1018.

[36] E. N. Mitchell, H. B. Haukaas, H. B. Bale, and J. B. Streeper. J. Appl. Phys. 35 (1964) 2604.

[37] P. Grüngerg, P. Schreibier, Y. Pang, M. B. Brodsky, and H. Sowers. Phys. Rev. Lett. 57 (1986) 2442.

[38] M. N. Baibich, J. M. Broto, A. Fert, et al. Phys. Rev. Lett. 16 (1988) 2472.

[39] N. F. Mott. Adv. Phys. 13 (1964) 325.

[40] A. E. Berkowitz, J. R. Mitchell, M. J. Carey, A. P. Young, S. Zhang, F. E. Spada, F. T. Parker, A. Hutten, and G. Thomas. Phys. Rev. Lett. 68 (1992) 3745.

[41] G. Xiao, J. S. Jiang, and C. L. Chien. Phys. Rev. Lett. 68 (1992) 3749.

[42] T. Miyazaki, and N. Tezuka. J. Magn. Magn. Mater. 139 (1995) L231; 151 (1995) 403.

[43] W. H. Meiklejohn, and C. P. Bean. Phys. Rev. 102 (1956) 1413.

[44] V. Skumryev, S. Stoyanov, and Y. Zhang. Nature 423 (2003) 850.

[45] W. H. Meikejoha. J. Appl. Phys. 33 (1962) 1328.

[46] A. P. Malozem. Phys. Rev. B 35 (1987) 3679.

[47] A. P. Malozemoff. J. Appl. Phys. 63 (1988) 3874.

[48] D. Niebieskikwiat, and M. B. Salamon. Phys. Rev. B 72 (2005) 174422.

[49] Y. K. Tallg, Y Sun, and Z. H. Cheng. Phys. Rev. B 73 (2006) 174419.

[50] T. Qian, G. Li, T. Zhang, T. F. Zhou, X. Q. Xiang, X. W. Kang, and X. G. Li. Appl. Phys. Lett. 90 (2007) 012503.

[51] K. De, M. Patra, S. Majumdar, and S. Giri. J. Phys. D.: Appl. Phys. 41 (2008) 175007.

[52] L. Zhe, J. Chao, C. JiPing, Y. Shujuan, C. Shixun, and Z. Jineang. Appl. Phys. Lett. 91 (2007) 112505.

[53] D. H. Wang, H. D. Liu, S. L. Tang, T. Tang, J. F. Wen, and Y. W. Du. Solid State Commun. 121 (2002) 199.

[54] J. Prokleška, J. Vejpravová, D. Vasylyev, and V. Sechovský. J. Aollys Compd. 383 (2004) 122.

[55] N. H. Duca, D. T. Kim Anha, and P. E. Brommer. Physica B 319 (2002) 1.

[56] F. X. Hu, B. G. Shen, and J. R. Sun. Appl. Phys. Lett. 76 (2000) 3460.

[57] S. Fujieda, A. Fujita, and K. Fukamichi. Appl. Phys. Lett. 81 (2002) 1276.

[58] F. X. Hu, B. G. Shen, J. R. Sun, G. J. Wang, and Z. H. Cheng. Appl. Phys. Lett. 80 (2002) 826.

[59] O. Tegus, E. Bruck, K. H. J. Buschow, and F. R. de Boer. Nature 415 (2002) 150.

[60] Z. D. Han, H. L. Wu, D. H. Wang, Z. H. Hua, C. L. Zhang, B. X. Gu, and Y. W. Du. J. Appl. Phys. 100 (2006) 043908.

[61] R. B. van Dover, E. M. Gyorgy, R. J. Cava, J. J. Krajewski, R. J. Felder, and W. F. Peck. Phys. Rev. B 47 (1993) 6134.

[62] V. K. Pecharsky, and K. A. Gschneidner, Jr. Phy. Rev. Lett. 78 (1997) 4494.

[63] H. Wada, and Y. Tanabe. Appl. Phys. Lett. 79 (2001) 3302.

[64] A. de Campos, D. L. Rocco, A. M. G. Carvalho, L. Caron, A. A. Coelho, S. Gama, L. M. da Silva, F. C. G. Gandra, A. O. dos Santos, L. P. Cardoso, P. J. von Ranke, and N. A. de Oliveira. Nat. Mater. 5 (2006) 802.

[65] Y. Sutou, Y. Imano, N. Koeda, T. Omori, R. Kainuma, K. Ishida, and K. Oikawa. Appl. Phys. Lett. 85 (2004) 4358.

[66] R. Kainuma, Y. Imano, W. Ito, Y. Sutou, H. Morito, S. Okamoto, O. Kitakami, K. Oikawa, A. Fujita, T. Kanomata, and K. Ishida. Nature (London) 439 (2006) 957.

[67] S. Y. Yu, L. Ma, G. D. Liu, Z. H. Liu, J. L. Chen, Z. X. Cao, G. H. Wu, B. Zhang, and X. X. Zhang. Appl. Phys. Lett. 90 (2007) 242501.

第二章　样品的制备和表征

第一节　样品的制备

2.1.1 真空熔炼

在本书中 Ni-Mn 基铁磁形状记忆合金将采用真空电弧炉熔炼的方法获得。我们将高纯度（≥99.9%）的金属原材料按一定的比例称量后放置在水冷铜坩埚内，抽真空后进行电弧熔炼。在熔炼过程中，为减少元素的挥发（例如 Mn），应尽量使用小电流熔炼。当制备样品中含有易挥发的元素时，需要考虑适当地增加配料含量以保证相的纯度。

电弧熔炼的具体步骤是：将称量后的配料放置在熔炼炉的水冷铜坩埚内，关闭真空室，启动机械泵预抽，当真空达到约 5 Pa 时，接通已经预热超过 30 分钟的油扩散泵，进一步将真空度抽至 5×10^{-3} Pa。然后，充入高纯氩气至 0.6 个大气压。在熔炼炉中采用电弧熔化和电磁搅拌的方法使合金充分地混合，为进一步获得均匀的合金，每熔炼一次都将铸锭翻转，反复熔炼 3～4 次。熔炼结束后，如果表面有氧化层，一般使用砂轮将样品的氧化物打掉。

2.1.2 熔体快淬

熔体快淬法也就是将熔融的金属或合金通过急剧冷却形成非晶态的方法。该方法是将熔融的合金倒在高速旋转的辊上使之急速冷却，凝固，制成薄带。熔体快淬设备有两种，一种是将熔炼好的碎块铸锭放入直径 10 mm 的石英管内，通过高频加热将铸锭熔化，然后通过直径为

1 mm 左右的小孔喷到高速旋转的铜辊上，从而获得快淬薄带。另一种是将合金铸锭放在水冷铜坩埚内，用电弧加热方法使之熔化，然后倾斜铜坩埚，把熔融的合金倒在高速旋转的钼轮边缘上使之急速冷却，凝固，制成薄带。后一种方法适合制备大批量的金属条带样品，并可用于工业生产。

2.1.3 均匀化热处理

经过多次熔炼得到的样品，通过物理方法切割样品，观察样品的断口是否有可分辨的区域差异，进一步判断样品是否均匀。如果熔炼的样品相对均匀，就可以对样品进行退火处理，目的是消除样品中的应力，获得均匀的纯相。具体的做法是将块状母合金样品放入一端封闭的石英管中，抽真空，然后充入少量的氩气封闭。在高温炉中设定的温度退火一定的时间，退火一定时间后迅速投入冷水中淬火或随炉冷却。退火时要注意退火温度、退火时间、升温方式（快速升温、慢速升温）、冷却方式（水中急冷，随炉冷却）等，这些都是影响材料性能的重要因素。

第二节　结构和性能表征

2.2.1 晶体结构表征（X 射线衍射）

X 射线衍射作为研究物相、晶体结构类型和晶体学数据的重要方法之一，被广泛应用于结构分析中。其基本原理是将一束电子在高压下加速，使其轰击一金属组靶（如铜靶）。高能的电子束把靶中原子的内壳层电子（如 k 层）激发，处在外层轨道的电子便会跃迁到该轨道，同时辐射出特征 X 射线，经过滤波后的 X 射线照在样品上，当 X 射线波长和样品的晶格间距相近时，便会发生衍射。根据 Bragg 定律，当 X 射线的波长 λ，入射角 θ 和晶面间距 d 满足 $2d\sin\theta = n\lambda$ 时，入射束和反射束同相，由于光的干涉作用，使得衍射加强，即相应晶面的衍射强度增加，从而决定了该晶面的衍射峰位。考虑到不同原子的散射因子不同，不同的晶体结构具有不同的结构因子，这些又决定了衍射峰的强度。n 为衍射级数，$n=1$，2，3，…，一般我们采用的是第一级衍射。

粉末 X 射线法常常用于多晶体的结构分析。由于粉末样品中各个晶面的取向是完全随机的，无论入射光从哪个方向射来，都能够同时使所有的晶面满足 Bragg 衍射条件而产生较强的衍射光，只不过不同的晶面产生的衍射最强光的出射角不同。把所有角度的衍射光强记录下来，就得到了对应该样品的 X 射线衍射谱，其中的衍射峰与晶面之间有一一对应关系，每一种晶相都有一套特征的衍射谱与之相对应，只是随着晶格参数不同，衍射峰的位置略有移动而已。因此根据被测样品的衍射峰线，可以分析其相结构。相结构确定后，就可以将衍射峰同晶面 Miller 指数（h，k，l）联系起来，进而计算晶格常数了。

当样品不存在晶格畸变，或者晶格畸变轻微，可以忽略其影响时，利用 X 射线衍射技术获取衍射线 hkl 的真实线形宽度，将其代入 Scherrer 公式，能够计算出样品的平均晶粒度：

$$D_{hkl}=K\lambda/\beta\cos\theta \tag{2.1}$$

式中，D_{hkl} 为垂直于晶面（hkl）方向的平均晶粒度，K 为 Scherrer 常数，为衍射线的波长，β 为半峰宽或积分宽，θ 为衍射峰的位置。在研究材料时，若忽略其晶格畸变，可以直接使用 Scherrer 公式，得到一个近似的晶粒度。

当样品不存在晶粒细化时，单纯由微应力宽化导致的晶格畸变，可依据 X 射线衍射测定的真实线性宽度 β，使用下列公式计算出晶格畸变率[5]，

$$\frac{\Delta d}{d}=\frac{1}{4}\beta\mathrm{ctg}\theta \tag{2.2}$$

式中 $\Delta d/d$ 是晶格畸变率。

当晶格畸变不能忽略时，则应该选用包含晶粒度和晶格畸变值的计算公式，

$$\frac{K\lambda}{\beta D_{hkl}\cos\theta}=1-\frac{16e^2}{\beta^2\cos^2\theta} \tag{2.3}$$

其中，e 是“最大”晶格畸变，其他参数同前。在使用积分宽度时 K 取 1。使用CuK 辐射时，$\lambda=0.15404$ nm。从同一样品的多级衍射数据出发，可以同时得到平均晶粒尺寸和“最大”晶格畸变参数。

2.2.2 热分析方法

差热分析（Differential Thermal Analysis，DTA）是在程序控制温度下，测量试样和参比物在相同条件下（加热或冷却）的温度差别的一种分析技术。DTA 是最常用的测量样品的各类相转变温度的手段。

在 DTA 实验中，将试样和参比物分别放入坩埚，置于炉中以一定速率进行程序升温。设试样和参比物（包括容器、温差电偶等）的热容量不随温度而变，若以试样和参比物间的温差 ΔT 对 T 作图，即得 DTA 曲线。随着温度的变化，试样发生任何物理和化学变化时释放出来的热量使试样温度暂时升高并超过参比物的温度，从而在 DTA 曲线上产生一个放热峰。相反的，一个吸热的过程将使试样温度下降，而且低于参比物的温度，因此在 DTA 曲线上产生一个吸热峰。显然，温差越大，峰也越大，试样发生变化的次数多，峰的数目也多，所以各种吸热和放热峰的个数、形状和位置与相应地温度可用来定性地鉴定所研究的物质，而峰面积与热量的变化有关。从差热图上可清晰地看到差热峰的数目、位置、方向、宽度、高度等。峰的数目表示物质发生物理化学变化的次数；峰的位置表示物质发生变化的转化温度；峰的方向表明体系发生热效应的正负性；峰面积说明热效应的大小：相同条件下，峰面积大的表示热效应也大。在相同的测定条件下，理论上讲，可通过峰面积的测量对物质进行定量分析。

升温速率对测定结果的影响十分明显，一般来说，速率低时，基线漂移小，所得峰形显圆缓而稍宽，可以分辨出靠得很近的变化过程，但每次测定要用较长的时间；升温速率高时，峰形比较尖锐，测定时间较短，而基线漂移明显，与平衡条件相距较远，误差较大，分辨能力下降。因此，实验中最常用的升温速率是 8～12 K/min。

差示扫描量热法（Differential Scanning Calorimetry，简称 DSC）是在程序控制温度下，测量输入到试样和参比物的功率差与温度或时间的关系的一种技术。根据测量方法不同，分为功率补偿型差示扫描量热法和热流型差示扫描量热法。记录的曲线称为差示扫描量热（DSC）曲线。纵坐标为试样与参比物的功率差 $dH/d\tau$，亦可称作热流率，单位为 mJ/s。横坐标是时间（τ）或温度（T）。差示扫描量热法保持了 DTA 技术的优点（方便快速、样品用量少及适用范围广），同时，克服了 DTA 技术的缺点（重复性差和分辨率不够高，热量定量分析困难等）。

2.2.3 微观结构分析（扫描电子显微镜 SEM）

从电子枪阴极发出的电子束，受到阴阳极之间加速电压的作用，射向镜筒，经过聚光镜及物镜的会聚作用，缩小成直径约几毫微米的电子探针。在物镜上部的扫描线圈的作用下，电子探针在样品表面作光栅状扫描并且激发出多种电子信号。这些电子信号被相应的检测器检测，经过放大、转换，变成电压信号，最后被送到显像管的栅极上并且调制显像管的亮度。显像管中的电子束在荧光屏上也作光栅状扫描，并且这种扫描运动与样品表面的电子束的扫描运动严格同步，这样即获得衬度与所接收信号强度相对应的扫描电子像，这种图像反映了样品表面的形貌特征。它的主要结构：

1. 镜筒：镜筒包括电子枪、聚光镜、物镜及扫描系统。其作用是产生很细的电子束（直径约几个 nm），并且使该电子束在样品表面扫描，同时激发出各种信号。

2. 电子信号的收集与处理系统：在样品室中，扫描电子束与样品发生相互作用后产生多种信号，其中包括二次电子、背散射电子、X 射线、吸收电子、俄歇（Auger）电子等。在上述信号中，最主要的是二次电子，它是被入射电子所激发出来的样品原子中的外层电子，产生于样品表面以下几纳米至几十纳米的区域，其产生率主要取决于样品的形貌和成分。通常所说的扫描电镜像指的就是二次电子像，它是研究样品表面形貌的最有用的电子信号。检测二次电子的检测器的探头是一个闪烁体，当电子打到闪烁体上时，就在其中产生光，这种光被光导管传送到光电倍增管，光信号即被转变成电流信号，再经前置放大及视频放大，电流信号转变成电压信号，最后被送到显像管的栅极。

3. 电子信号的显示与记录系统：扫描电镜的图像显示在阴极射线管（显像管）上，并由照相机拍照记录。显像管有两个，一个用来观察，分辨率较低，是长余辉的管子；另一个用来照相记录，分辨率较高，是短余辉的管子。

4. 真空系统及电源系统：扫描电镜的真空系统由机械泵与油扩散泵组成，其作用是使镜筒内达到 $10^{-4}\sim10^{-5}$ 的真空度。电源系统供给各部件所需的特定的电源。

在操作上的问题主要集中在样品预处理、样品的观测以及图片的处理上。我们日常处理的最多的是粉末样品，要注意粉末的量、铺开程度、粘结情况和喷金的厚度。对于粉末的量，一般用刮刀或者一些小工具挑一点到碳双面导电胶上（一般 2 mm 宽度，8 mm 长度），均匀铺开，略略压紧，多余的轻叩到废物瓶里，或者用洗耳球吹掉，不过后者容易污染。如果觉得样品少，可以用乙醇或者合适的溶剂分散一下，用毛细管滴加到导电胶上，晾干即可。或者用牙签点一滴到样品台上也可以。铺开程度也就是这一步里面，粉末如果均匀，很少一点已经足以拍到大片的样品，不要太多，否则容易导致粉末在观察时剥离表面，还有喷金集中在表面，一些下面的样品容易导电性能不佳，观察效果对比度差。建议采用分散的方式来铺开样品，这是指样品不受溶剂干扰的情况下。还有一些小球，如果想要铺开的单层密集堆积，可以通过稀释溶液，但不易控制，可以通过一个滤纸将溶液拉开到小玻璃片上，然后处理观察。粘结情况指的是导电胶带的粘结，对于粉末，一般采用分散方式，这里面有一个缺点，就是乙醇的量如果比较多，就会让导电胶的黏性大大下降，但如果用毛细管应该问题不太大。如果觉得难办，那么对于样品的导电性能在喷金之后不是太差的，用第一种方式也没什么太大的问题。

一般的金属样品自然不需要太多的处理，最多用无水乙醇擦拭一下表面，电吹风吹干即可。对于块状样品，主要在于粘结，如果高度比较大，那么可以用导电胶从顶端拉到底部粘结在样品座上，很多电镜室采用银胶，但有些不易操作，不如这样方便。注意粘结的时候一定要牢，松动就会造成观察时的晃动，图像模糊。侧面的观察有人就使用特殊的样品台，那么就可以利用样品台的厚度，粘结在边上，注意粘结的时候尽量降低样品的高度，否则喷金、观察都不利。

2.2.4 磁学性质的测量

振动样品磁强计（Vibrating Sample Magnetometer）是最常用的直流磁性测量的手段（简称 VSM），是基于电磁感应原理制成的。它是测量磁性材料性能的重要仪器，能给出一些重要的磁性参数，例如矫顽力 H_c，饱和磁化强度 M_S 和剩磁 M_r 等。图 2.1 是我们用于测量的 LakeShore VSM 示意图。

VSM 系统的主体部件由直流线绕磁铁、振动器和感应线圈组成，大功率电源励磁。装在振动杆上的样品位于磁极中央感应线圈中心连线处，在感应线圈的范围内垂直磁场方向振动。

图 2.2 是 VSM 的结构简图，它由电磁铁、振动系统和检测系统组成。振动样品磁强计的测量原理就是将一个小尺度的被磁化了的样品视为磁偶极子并使其在原点附近做等幅振动，利用电子放大系统，将处于上述偶极场中的检测线圈中的感生电压进行放大检测，再根据已知的放大后的电压和磁矩关系求出被测磁矩。

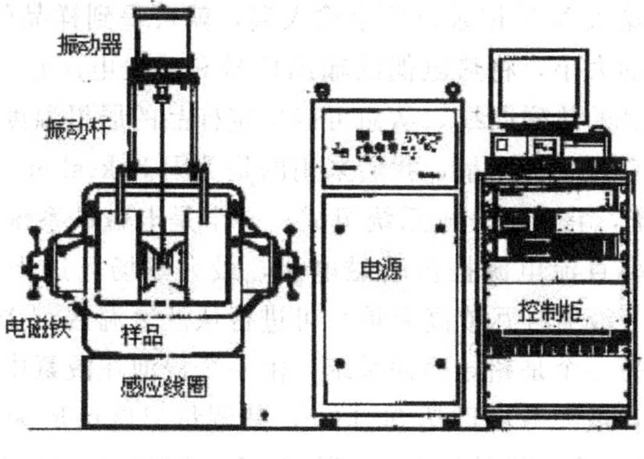

图 2.1 LakeShore VSM 的示意图

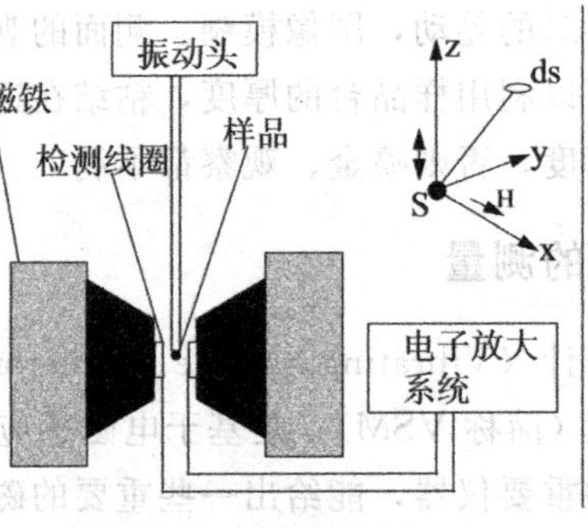

图 2.2 VSM 结构图

根据法拉第电磁感应定律，通过线圈的总磁通为：

$$\Phi = AH + BM\sin\omega t \tag{2.4}$$

此处 A 和 B 是感应线圈相关的几何因子，M 是样品的磁化强度，ω是振动频率。线圈中产生的感应电动势为：

$$E(t) = \frac{\mathrm{d}\Phi}{\mathrm{d}t} = KM\cos\omega t \tag{2.5}$$

式中 K 为常数，一般用已知磁化强度的标准样品（如 Ni）定出。从上式即可得到待测样品的磁化强度 M。如果把高斯计的输出信号和感生电压分别输入 X-Y 记录仪两个输入端，就可得到样品的磁滞回线。如果固定外场的大小，将热电偶的输出信号和感生电压输入到记录仪，则可以得到样品的热磁曲线，从而可以确定样品的居里温度等。

本书中的直流磁性测量，我们采用的是美国 Lakeshore 公司生产的一套 VSM 系统，它由两套子系统组成，一个是电磁铁系统，用一台自动控制的高功率直流电源提供励磁电流，最大磁场可达 10 kOe 左右，用不同的组件（液氮杜瓦或高温炉）可进行从液氮温区到 1000 °C 的常规磁性测定。另一个是超导磁铁系统，由一个浸泡在液氦中的超导线圈提供超强磁场，最大磁场可达 90 kOe，其测量温度区域为液氦温度至 400 K。可以获得诸如样品的 Curie 温度、Néel 温度等丰富的物理信息。这两套系统可以用来精确地测量样品的磁性，并且由计算机自动给出数据以及所需的磁性参量。

有关磁性的测量，除了使用 VSM 以外，有时还需要采用超导量子干涉仪（SQUID）。SQUID 是一种极高灵敏度的磁性测量设备，其本质是一种将磁通的变化转化为电压的磁通传感器，其基本的原理是超导约瑟夫森效应和磁通量子化现象。以 SQUID 为基础研发出了多种传感器和测量仪器，可以用来测量磁场、电压、磁化率等一些物理量。约瑟夫森隧道结是由被一薄势垒层分开的两块超导体构成的。当含有约瑟夫森隧道结的超导体闭合环路被一定大小的电流偏置后，会呈现一种宏观量子干涉现象，也就是隧道结两端的电压等于该闭合环路中的外磁通量变化的周期性函数。其周期为单个磁通量子 2.07×10^{-15} Wb，这样的环路就叫做超导量子干涉仪。我们使用的 SQUID 是 Quantum Design 公司生产的，其测量的温度范围为 1.9～400 K，磁场范围是 0～7 T。我们主要使用该设备测量合金低温马氏体相的交换偏置效应。

2.2.5 电阻率的测量

综合物性测量系统（PPMS）是一种自动高性能材料物性测量系统，同时提供 0～9 T 变磁场测量环境和 1.9～400 K 变温度场测量环境，以及基于此平台的各种物理参数的全自动测量。可以进行以下方面的测量：直流磁化强度和交流磁化率、直流电阻、交流输运性质、比热和热传导、扭矩磁化率等等。PPMS 在基本系统搭建的温度和磁场平台上，利用各种选件进行磁测量、电输运测量、热学参数测量和热电输运测量。基本系统主要包括软件操作系统、温控系统、磁场控制系统、样品操作系统和气体控制系统。我们主要用 PPMS 进行合金材料电输运性质的测量。

磁性材料通常在磁场下有着特殊的电子输运特性。输运性质的测量表现在电阻率和磁电阻的测量两个方面。用来测量电阻率的样品被切割成长方形块体，样品表面被磨平并清洗干净。为了消除接触电势的影响，如图 2.3 所示，采用标准的直流四端法测量，用 In 将四个电极压在样品表面。外侧两个电极接恒流源，内侧两个电极接纳伏表测量所得的电压，通过 $R=\dfrac{U}{I}$ 计算测得样品的电阻。利用公式 $\rho=\dfrac{RS}{L}$ 即可求

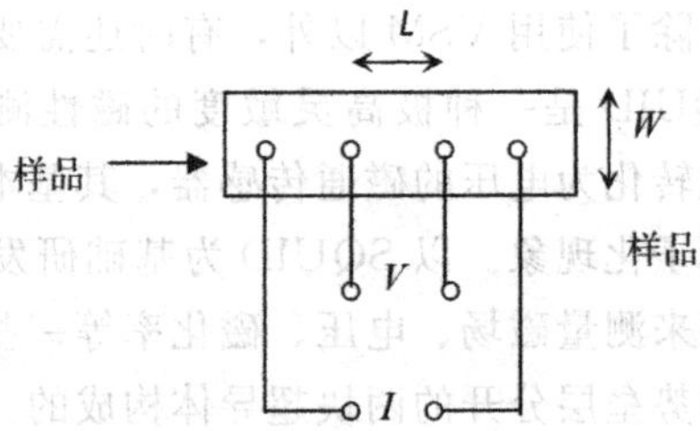

图 2.3 四端法测电阻示意图

得样品的电阻率 ρ，其中 $S=Wt$ 为截面积。系统为计算机自动控制，并自动得出测量曲线，测量装置如图 2.4 所示。

在变化的外磁场作用下，即可测得电阻率随外磁场的变化关系。将样品放在可控变温的环境中，即可测得电阻率随温度的变化关系。

磁电阻（*MR*）统一性定义如下：

$$MR=(\rho(H)-\rho(0))/\rho\times100\% \tag{2.6}$$

其中 $\rho(H)$ 和 $\rho(0)$ 分别表示材料在磁场 H 中和磁场为 0 时的电阻率，ρ 可以是 $\rho(0)$ 或 $\rho(H_S)$，$\rho(H_S)$ 指在饱和磁场 H_S 下的电阻率。ρ 为 $\rho(0)$ 时的 *MR* 称为归一化磁电阻。

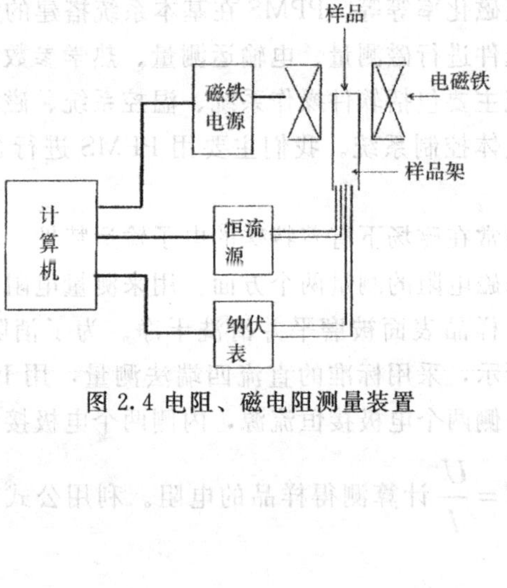

图 2.4 电阻、磁电阻测量装置

第三章　元素掺杂对 Ni-Mn-Sn 铁磁形状记忆合金马氏体相变和磁热效应的影响

第一节　铁磁形状记忆合金简介

形状记忆效应最早是 1932 年由 Olander 研究 Au-Cd 合金时发现的，但一直没有引起足够的重视[1]。直到 1963 年，美国海军武器实验室布勒（Buehler）等奉命研制新式装备，需要 Ti-Ni 合金丝，因为领回来的 Ti-Ni 合金丝是弯曲的，使用不方便，他们就将细丝拉直。试验中，当温度升到一定值的时候，已经被拉直的 Ti-Ni 合金丝突然又全部恢复到原来弯曲的形状，而且和原来一模一样。他们又反复做了多次试验，结果证实这些细丝确实有“形状记忆力”。此后他们又研究出具有实用价值的 Ti-Ni 形状记忆合金[2]。形状记忆合金所具有的“形状记忆”和“超弹性”两大特殊功能，引起国际材料科学界的极大兴趣。

铁磁形状记忆合金（Ferromagnetic Shape Memory Alloy）是最近发展起来的一类新型智能材料，是同时具有铁磁性和热弹性马氏体相变特征的金属间化合物。它们不但具有传统形状记忆合金受温度场控制的热弹性形状记忆效应，而且具有受磁场控制的铁磁性形状记忆效应（Ferromagnetic Shape Memory Effect）。

传统形状记忆合金，如 Ti-Ni 基、Cu 基、Fe 基等，虽然具有较大的可逆恢复应变和大的恢复力，但由于受温度场驱动，其响应频率很低（1 Hz 左右）。与形状记忆合金相比，压电陶瓷和磁致伸缩材料虽然具有很高的响应频率（1000 Hz 左右），但所能达到的最大应变也只有

0.2%，限制了材料在实际工程中的应用[3]。而铁磁形状记忆合金则兼有大应变和高响应频率，目前报道铁磁形状记忆合金的最大磁致应变为9.5%，最高响应频率可达5000 Hz，弥补了传统形状记忆合金响应频率慢、压电及磁致伸缩材料应变小的不足，是一种较为理想的驱动材料。同时，独特的磁性能使该类合金可用作温度场及磁场的传感器，另外，如果该类合金和压电材料复合，又可能具有磁电耦合效应，因而具有广阔的应用前景。

至今为止，已经研究开发的铁磁形状记忆合金主要包括Ni系合金Ni-Mn-Ga[4]，Ni-Mn-Al[5]，Ni-Co-Al[6]，Ni-Fe-Ga[7]等；Co系合金Co-Mn，Co-Ni，Co-Ni-Ga[8]等；Fe系合金Fe-Pd[9]，Fe-Pt[10]。Ni-Mn-Ga合金是最早发现的铁磁形状记忆合金，其单晶在12 kOe磁场下能产生4%的应变，而无外磁场作用时的相变应变为1%[11]，也就是说相变应变的大小可以通过改变磁场的强弱来控制。另外，在马氏体相时，外加磁场可以诱发马氏体孪晶界移动，从而产生宏观应变。这些优异的性能意味着这种材料在未来有广泛的应用前景。但单晶样品尺寸小及成本高等因素使其应用前景受到了限制，要想走向实用，必须研制工艺简单的多晶材料．Ni-Mn-Ga金属间化合物多晶的高脆性是阻碍其实用化的关键问题，能否通过某些方法改善其脆性，使之能够具有一定的韧性，是Ni-Mn-Ga系合金走向实用化所必须面对的一个难题。

2004年，Sutou等人在Ni-Mn-X（X＝In，Sn，Sb）中发现了一种新的铁磁形状记忆合金[12]，引起了国际上的广泛关注。随着温度的降低，合金经历一个从高温奥氏体相到低温马氏体相的马氏体相变，并伴随着磁化强度和电阻率的突变，该相变是一个一级相变。到目前为止，已在磁性马氏体相变附近发现了一系列有趣的物理现象，如巨磁热效应[13-14]、磁电阻效应[15-16]、磁致应变[17]等。下面我们将重点研究Ni-Mn基铁磁形状记忆合金。

第二节 Ni-Mn 基铁磁形状记忆合金的结构和磁性马氏体相变

在 $Ni_{50}Mn_{50-x}Sn_x$ 合金中，当 $x=25$ 时，即正分的 Heusler 合金 Ni_2MnSn 具有和 Ni_2MnGa 的母相相同的结构（$L2_1$），如图 3.1 所示。这种有序结构可以看成由四个面心次晶格沿着对角线方向相互穿插组成的，这四个次晶格的构成原子分别是 Ni，Mn，Ni，X，在对角线上对应的坐标分别为（0，0，0），（1/4，1/4，1/4），（1/2，1/2，1/2），（3/4，3/4，3/4）。室温下，Ni_2MnX 是铁磁性的，然而在升、降温过程中没有发现磁性马氏体相变，从而没有引起研究者的重视。在非正分的 Ni-Mn-X 合金中，通过大幅调整 Mn 和 X 在合金的比例，随着温度的降低能观察到从高温奥氏体相到低温马氏体相的相变[12]。这类合金在奥氏体相一般具有相同的 $L2_1$ 结构，多余的 Mn 原子会占据 X 的位置，并且在实际晶格当中，Mn 和 X 的占位也容易发生错乱，互相占据对方在 $L2_1$ 结构中的位置。当两种原子间的占位无序的程度较高时，合金的晶体结构就可能发生由 $L2_1$ 型向 $B2$ 型的转变，也就是 CsCl 型结构。另一方面，这类合金的马氏体相的结构比较复杂，一般随着成分的不同呈现出不同的结构[18]。Krenk 等人用 XRD 的方法在 $Ni_{50}Mn_{50-x}Sn_x$ 合金中发现随着成分的变化，马氏体相可能是 $10M$、$14M$、$L1_0$ 等结构[18]。另外，在 $Ni_{50}Mn_{36}Sn_{14}$ 合金中，中子衍射和 XRD 结果表明马氏体相具有 $4O$ 结构[19]。同时，由于非正分 Ni-Mn-Sn 合金的马氏体相和奥氏体相的结构不同，磁化强度、电阻率等随着结构的变化有一个跃变，从而伴随着巨磁卡效应、磁电阻效应、磁致应变等[13-17]。

Ni-Mn-X 合金的磁性主要来源于 Mn 原子之间的磁性耦合，而 Mn 原子之间的磁性相互作用可以通过 Ni 和 X 所提供的巡游电子来完成。中子衍射实验表明[20]，低温时正分配比的 Ni_2MnSn 合金的磁矩主要局域于 Mn 原子位，局域磁矩的大小约为 4 μB；但随着合金中 Mn 原子含量的增加 X 原子含量的降低，局域在 Mn 位的磁矩将显著降低。因此，如果 Ni-Mn-X 合金的 Mn 原子含量过高，合金中 Mn-Mn 原子间距将更倾向于反铁磁排列，特别是经过马氏体相变进一步拉近了 Mn-Mn 原子之间的距离，导致非正分 Ni-Mn-X 合金的马氏体相变是从一个铁磁的母相转变成一个多种磁性状态共存的马氏体相。所以，很多研究者在一些非正分的 Ni-Mn 基铁磁形状记忆合金中能够观察到磁场驱动的变磁性相变。

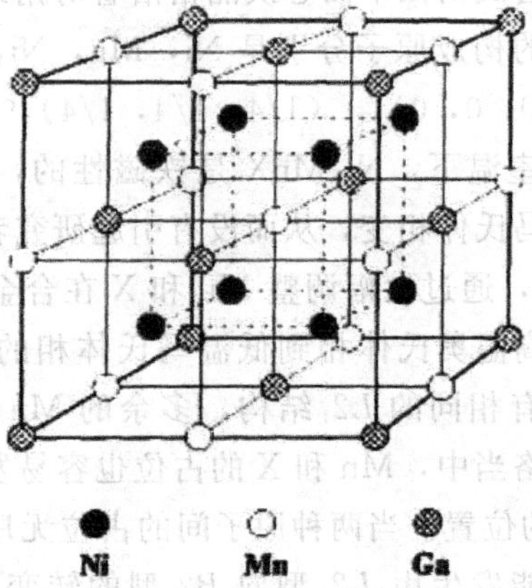

图 3.1 Ni_2MnGa 合金母相 $L2_1$ 型结构

图 3.2 是 $Ni_{50-x}Mn_{39+x}Sn_{11}$（$x=5$，6，7）铁磁形状记忆合金在 1 kOe下升温和降温测得的热磁曲线。通过这张图，我们可以了解一下铁磁形状记忆合金磁性马氏体相变的几个特征温度。以 $x=6$ 这个样品为例，升温过程中，依次历经马氏体居里点（$T_C{}^M$）、奥氏体起始温度（A_s）、奥氏体结束温度（A_f）、奥氏体居里点（$T_C{}^A$）；降温过程中，依次历经奥氏体居里点（$T_C{}^A$）、马氏体起始温度（M_s）、马氏体结束温度（M_f）、马氏体居里点（$T_C{}^M$）。可以看出，在低温阶段，合金处在马氏体相，磁性较弱，随温度升高，样品发生结构相变，从马氏体相转变为奥氏体相，奥氏体相磁性较强。

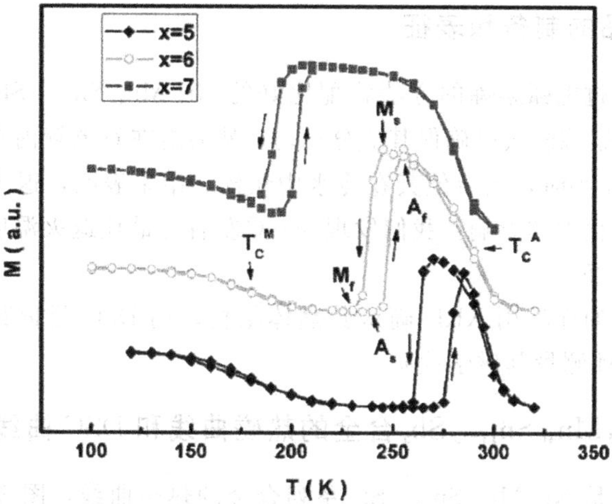

图 3.2 $Ni_{50-x}Mn_{39+x}Sn_{11}$ 在 1 kOe 下的磁热曲线

2006 年开始，我们也开展了对 Ni-Mn-Sn 铁磁形状记忆合金的研究，并通过调节合金中 Ni 和 Mn 的比例，使马氏体相变温度可以在很大的温度范围进行调节。此外我们还研究了掺杂少量的 Cu，Co，Cr 对 Ni-Mn-Sn 铁磁形状记忆合金磁性马氏体相变的影响。结果表明，通过适量掺杂过渡元素，可以在一定范围调节相变温度，并且保持大磁熵变和磁电阻效应。

第三节　$Ni_{43}Mn_{46}Sn_{11-x}Sb_x$ 合金的马氏体相变与等温磁熵变

在调节磁性马氏体相变温度方面的研究中，目前主要是通过过渡金属进行替代，但很少有关于主族元素替代方面的报道，本节将研究用元素 Sb 来替代 Sn 对 Ni-Mn-Sn 系列铁磁形状记忆合金的磁性马氏体相变温度以及磁熵变的影响。

3.3.1 样品的制备和表征

我们通过电弧熔炼的方法将配比好的 $Ni_{43}Mn_{46}Sn_{11-x}Sb_x$（$x=0$，1，3）金属熔炼多次以确保其成分均匀，然后封在石英管内在不同的温度下退火 24 小时，最后使其在冷水中快淬。结果表明，退火温度对材料的性能有很大的影响。我们发现 900℃左右为最佳退火温度，得到的材料性能最好。

制备好的样品用 XRD 确认其晶体结构，用 DSC 测量其热力学行为，用 VSM 测量其磁学性质。

3.3.2 $Ni_{43}Mn_{46}Sn_{11-x}Sb_x$ 合金的热磁曲线和 DSC 曲线

图 3.3 是 $Ni_{43}Mn_{46}Sn_{11-x}Sb_x$ 系列合金的热磁曲线，图 3.3（a）是样品 $Ni_{43}Mn_{46}Sn_{10}Sb_1$ 分别在 100 Oe 升温和降温两个过程中测得的热磁曲线，图（b）是 $Ni_{43}Mn_{46}Sn_{11-x}Sb_x$（$x=0$，1，3）在 1 kOe 升温过程中测得的热磁曲线。通过图 3.3（a）可以看出，在升温过程中，合金在 190 K 以下表现出相对较弱的铁磁性。温度上升接近马氏体居里点时，磁化强度逐渐降低。当温度升至 195 K 时，磁化强度突然增大，此时温度诱发了马氏体到奥氏体的逆马氏体相变，继续升温磁化强度又下降，对应着奥氏体相的铁磁到顺磁的相变。降温过程中，在 200 K 附近发生了磁性马氏体相变，伴随着磁化强度的剧烈下降。从图 3.3（a）还可以看出，在升温和降温过程中，马氏体相变有大约 10 K 左右的热滞，这说明 $Ni_{43}Mn_{46}Sn_{11-x}Sb_x$ 系列合金中的马氏体相变是一级相变；而在马氏体居里温度和奥氏体居里温度附近则未发现明显的热滞现象，表明了这两个相变为二级相变。

图 3.3（b）是 $Ni_{43}Mn_{46}Sn_{11-x}Sb_x$（$x=0$，1，3）合金的热磁曲线，可以看出，随着 Sb 含量的增加，马氏体相变温度明显升高，从 $x=0$ 的 195 K 升高到 $x=3$ 的 230 K。根据相关报道，铁磁形状记忆合金的特征温度同价电子浓度，即价电子数与原子数的比例（e/a）有关[25, 26]。对于 Ni，Mn 来说，价电子指的是 $3d$ 和 $4s$ 壳层电子；对于 Sn，Sb 来说，指的是 $5s$ 和 $5p$ 电子。表 3.1 为 Sb 掺杂量不同（$x=0$，

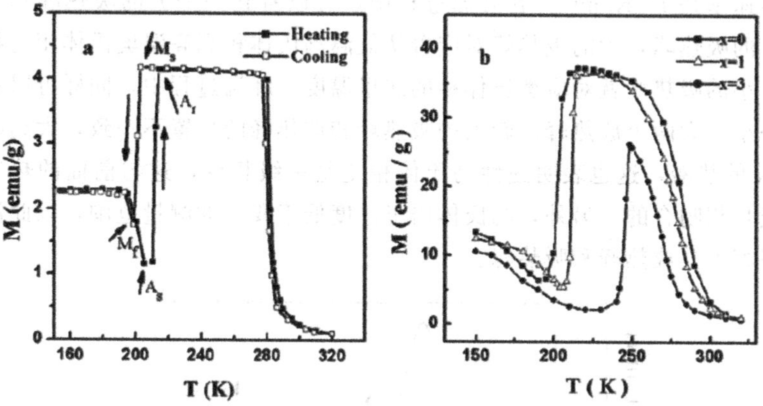

图 3.3 $Ni_{43}Mn_{46}Sn_{11-x}Sb_x$ 合金的 *M-T* 曲线

(a) $Ni_{43}Mn_{46}Sn_{10}Sb_1$ 升温和降温 *M-T* 曲线 (b) $Ni_{43}Mn_{46}Sn_{11-x}Sb_x$ ($x=0$, 1, 3) 的升温 *M-T* 曲线

1，3）的几个样品所对应的 e/a 值和特征温度。可见，Sb 的掺入使 e/a 稍微增大，但马氏体相变温度却明显升高。这说明相变特征温度对价电子浓度非常敏感。因此，在磁熵变研究中，我们可以通过以 Sb 少量地替代 Sn 来改变样品的马氏体相变温度，从而调节磁制冷的工作温区。从图 3.3（b）也可以看出，随着 Sb 含量的增加，奥氏体的居里温度略有降低。这可能是由于 Sb 的原子半径比 Sn 小，通过少量的 Sb 替代 Sn，改变了合金中 Mn-Mn 原子间的间距。而在 Ni-Mn 基合金中，磁有序温度都和 Mn-Mn 间距有非常紧密的联系，Mn-Mn 间距的变化将会影响磁性交换作用的强弱，从而造成磁有序温度的变化[19, 27, 28]。

表 3.1 $Ni_{43}Mn_{46}Sn_{11-x}Sb_x$ ($x=0$, 1, 3) 的特征温度、磁熵变和 e/a 的关系

x	A_s (K)	A_f (K)	T_C^A (K)	e/a	ΔS_M (J/kg K)
0	195	209	280	7.96	10.4
1	205	215	277	7.97	8.9
3	230	248	269	7.99	7.3

图 3.4 为 $Ni_{43}Mn_{46}Sn_{10}Sb_1$ 在升温和降温过程中测得的 DSC 曲线，

升温速率是 10 K/min。在升温过程中，可以看到一个大的吸热峰和一个小的吸热峰，大的吸热峰对应着从低温马氏体相到高温奥氏体相的相变，小的吸热峰就对应奥氏体相的居里温度。降温过程中，同样可以看到一小一大两个放热峰。较大的吸热峰和放热峰的位置不一致，大约有 10 K 的热滞，这也表明磁性马氏体相变是一级相变，这与前面的热磁曲线是相吻合的。另外，马氏体居里温度低于我们的测量范围，因此没能观察到其放热峰和吸热峰。

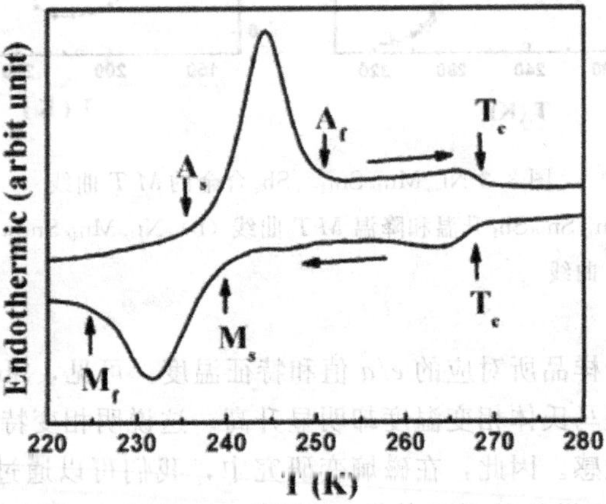

图 3.4　$Ni_{43}Mn_{46}Sn_{10}Sb_1$ 合金的 DSC 曲线

3.3.3 $Ni_{43}Mn_{46}Sn_{11-x}Sb_x$ 合金的磁化曲线和 Arrott 曲线

在马氏体相变温度附近，我们测量了 $Ni_{43}Mn_{46}Sn_{11-x}Sb_x$（$x=0$，1，3）合金的等温磁化曲线。为了较精确地反映马氏体相变处磁化强度的剧烈变化，在测量相变温度附近时的磁化曲线时，选取 1 K 作为温度间隔。以 $Ni_{43}Mn_{46}Sn_{10}Sb_1$ 合金为例，看一下 $Ni_{43}Mn_{46}Sn_{11-x}Sb_x$ 合金的等温磁化曲线的特点。

从图 3.5 所示的等温磁化曲线上可以看到：当温度低于 190 K 时，样品在 10 kOe 磁场下表现出弱磁性，当温度升至相变温度附近时，磁化强度发生了跃变。例如，在 203 K 时，10 kOe 磁场下样品的磁化强度为 10 emu/g；升温至 210 K 时，磁化强度迅速增加到 55 emu/g。升温至 211 K，样品的磁化曲线表现出较强的铁磁性，此时对应于奥氏体相的铁磁性状态。由于外加的磁场比较低，只有 10 kOe，样品在 208 K 时，已有变磁性的特点，但变磁性相变还不明显，后面我们将通过 Arrott 曲线来进一步表征变磁性相变。为了更好地观察到变磁性相变，我们在马氏体相变附近作了它的 Arrott 曲线。Arrott 最初是通过 M^3-H 曲线来判断铁磁态及决定居里温度的[29]。后来，经过一些作者的改进，Arrott 曲线被定义为 M^2-H/M 曲线，并且用来判断变磁性相变的类型[30]。判断方法如下：先变换 M^3-H 曲线得到 M^2-H/M 曲线，如果居里温度附近存在变磁性行为，可以在 Arrott 曲线上观察到一个负的斜率或者 Arrott 曲线呈 S 形。图 3.6 是 $Ni_{43}Mn_{46}Sn_{10}Sb_1$ 合金在马氏体相变温度附近的 Arrott 曲线。从 Arrott 曲线上可以看到，207～210 K 的曲线都有一个负的斜率，且呈明显 S 形，这也表明在马氏体相变附近，$Ni_{43}Mn_{46}Sn_{11-x}Sb_x$ 合金都有变磁性行为，存在磁场诱导的变磁性相变。

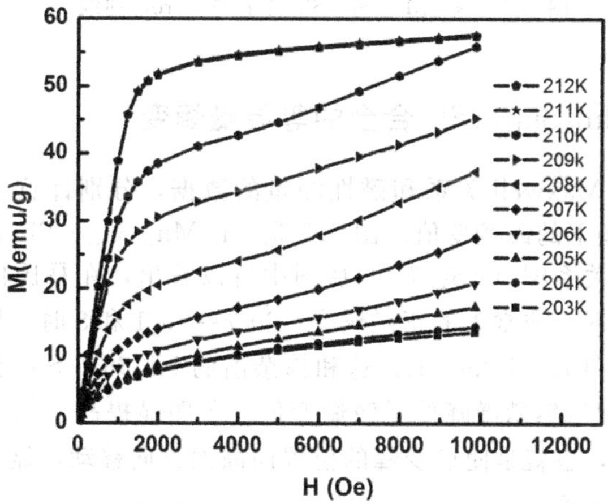

图 3.5 $Ni_{43}Mn_{46}Sn_{10}Sb_1$ 合金在马氏体相变附近的等温磁化曲线

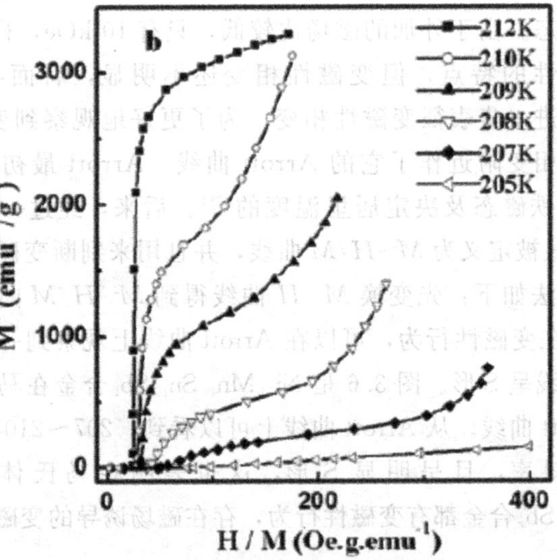

图 3.6　$Ni_{43}Mn_{46}Sn_{10}Sb_1$合金的 Arrott 曲线

3.3.4 $Ni_{43}Mn_{46}Sn_{11-x}Sb_x$合金的等温磁熵变

我们利用 Maxwell 关系和磁性测量的数据，分别计算了各个样品在 10 kOe 磁场下的磁熵变值。图 3.7 是 $Ni_{43}Mn_{46}Sn_{11-x}Sb_x$合金磁熵变随温度变化的关系图（$\Delta S_M$-$T$）。从图中可以看出，在马氏体相变温度附近，样品表现出非常大的正磁熵变。当 $x=0$，1 和 3 时，熵变值分别为 10.4，8.9 和 7.3 J/kg·K。这和掺杂前的 $Ni_{43}Mn_{46}Sn_{11}$相比，掺入微量的 Sb 元素虽然稍微降低了磁熵变值，却明显提高了这类合金的马氏体相变温度，也就是使熵变峰的位置向高温方向移动，显著拓宽了这类材料的工作温区。

$Ni_{43}Mn_{46}Sn_{11-x}Sb_x$系列合金之所以有如此大的磁熵变，主要是由于磁性马氏体相变处磁化强度的剧烈变化引起的。根据 Maxwell 关系，磁熵变的大小和$\left(\frac{\partial M}{\partial T}\right)_H$成正比，所以在一定温度范围内磁化强度变化越剧烈磁熵变值越大。磁化强度剧变的原因主要有两个：一方面因为相变前后马氏体和奥氏体的结构不同，导致磁化强度差异巨大；另一方面，磁场本身同样可以诱导马氏体相变，这种场致变磁性行为进一步加剧了磁性的变化。于是，在温度和磁场的共同作用下，$Ni_{43}Mn_{46}Sn_{11-x}Sb_x$系列合金在马氏体相变温度附近产生了大的磁熵变值。

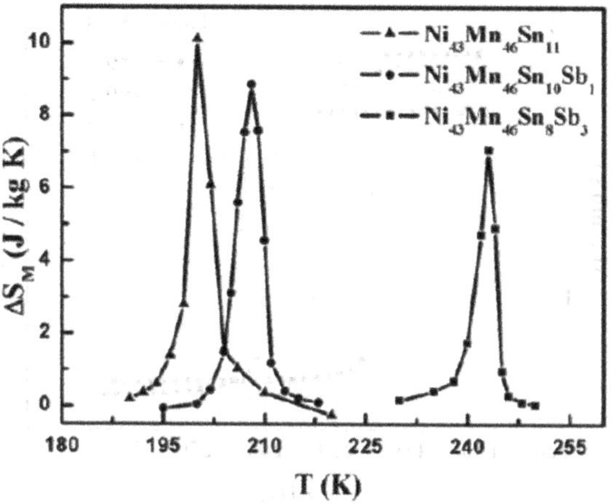

图 3.7　$Ni_{43}Mn_{46}Sn_{11-x}Sb_x$合金的等温磁熵变

第四节　硼掺杂对 Ni-Mn-Sn 合金马氏体相变和磁熵变的影响

3.4.1 引言

上一节我们研究了元素 Sb 掺杂对 Ni-Mn-Sn 合金的磁相变和磁熵变的影响。发现通过少量的 Sb 替代 Sn 就可以在很宽的温区范围内调节其马氏体相变温度，并在相变温度附近得到了一个较大的磁熵变值[31]。由于一级相变材料的磁化强度在相变附近发生急剧的变化，因而具有较大的磁热效应。所以目前有关磁热效应的工作大部分都集中在一级相变材料的研究上[14，22−24，32−39]。在一级相变材料中，铁磁形状记忆合金又是目前的研究热点。在铁磁形状记忆合金中，大部分是通过掺杂或者元素替代来改变马氏体的相变温度[22-24]。在本节中，我们将研究少量B原子的间隙位掺杂对Ni-Mn-Sn合金磁性马氏体相变温度的影响。

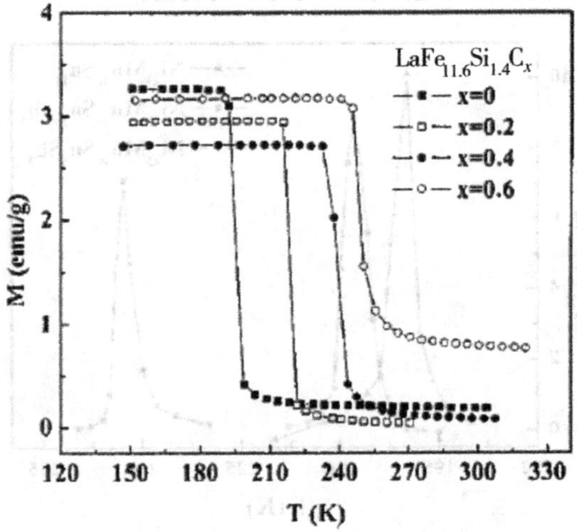

图 3.8 La（$Fe_{11.4}Si_{1.4}$）$_{13}C_x$合金的热磁曲线

通过小原子半径元素对合金进行间隙位掺杂在La（$Fe_{13-x}Si_x$）体系中就有人报道过。2001年，Fujieda等人通过在La（$Fe_{0.88}Si_{0.12}$）$_{13}$中渗H的方法得到了La（$Fe_{0.88}Si_{0.12}$）$_{13}H_x$合金，发现通过H原子的间隙位掺杂可以调节材料的相变温度，使其在一定范围内随着H含量的增加而增加，同时在相变温度附近得到了一个较大的磁熵变值[40-42]。陈远富等人又通过在La（$Fe_{11.4}Si_{1.4}$）$_{13}$中掺C得到了La（$Fe_{11.4}Si_{1.4}$）$_{13}C_x$合金（如图3.8），研究发现其一级相变的温度也随C含量增加而增加，从$y=0$时的195 K提高到$y=0.6$时的250 K，但磁熵变却有所减小[43,44]。

在铁磁形状记忆合金中，目前还没有关于小原子半径元素间隙位掺杂方面的报道，这次我们选择B对$Ni_{43}Mn_{46}Sn_{11}$合金进行间隙位掺杂，通过改变合金中磁性原子之间的间距进而改变其磁性交换作用的强弱，达到调节相变温度的目的。实验结果表明，马氏体相变温度随 B 原子含量的增加显著升高，并且在这些合金的马氏体相变附近得到了大的磁熵变值。

3.4.2 样品的制备和结构表征

我们用前述的真空电弧熔炼的方法制备了 $Ni_{43}Mn_{46}Sn_{11}B_x$（$x=0$，1，3，5）合金。原料为高纯的镍、锰、锡和镍硼合金，选用镍硼合金主要是因为纯硼的熔点太高，不易熔炼。为了防止锰在熔炼中挥发，我们把熔炼电流控制在 200 安培以内，并尽量缩短熔炼时间。

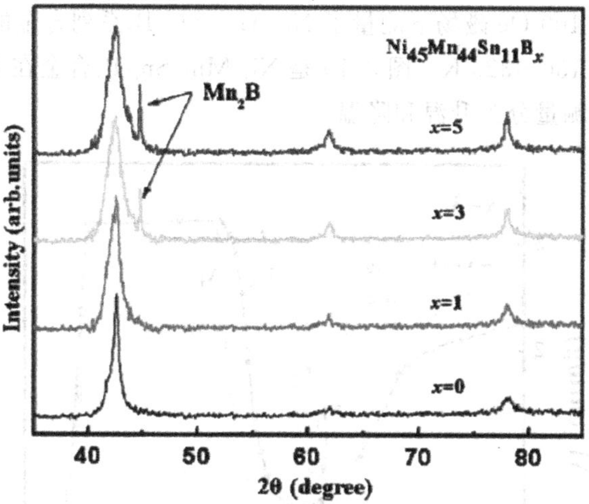

图 3.9 $Ni_{43}Mn_{46}Sn_{11}B_x$系列合金的 X 射线衍射图谱

将熔炼好的铸锭切成小块封在抽成真空的石英管中，在石英管中充入了 0.6 MPa 的氩气，在 900 ℃下退火 48 小时，然后在冷水中淬火。退火后的样品用 XRD 方法确认其晶体结构，用 DSC 测量其热力学行为，用 VSM 测量其磁学性质。

图 3.9 为 $Ni_{43}Mn_{46}Sn_{11}B_x$（$x=0$，1，3，5）系列合金的 X 射线衍射图谱。如图所示，所有样品在室温下均具有相同的 $L2_1$ 结构。当掺入 B

原子后，样品的结构仍然保持不变，但是随着 B 含量的增加，在 $x=3$，5 时出现了 Mn_2B 的杂相。同时可以看出，随着 B 含量的增加，X 射线衍射峰的位置向小角度方向偏移，说明由于 B 原子的掺杂，合金的晶格常数逐渐变大。经过计算，$Ni_{43}Mn_{46}Sn_{11}B_x$（$x=0$，1，3，5）系列合金的晶格常数分别为 5.978、5.981、5.984 和 5.986 Å。从 XRD 可以看出：B 的引入并没有改变奥氏体相的结构（B 含量过多时出现了少量 Mn_2B 的杂相），只是改变了材料的晶格常数，这说明 B 主要还是处在晶格中的间隙位。

3.4.3 $Ni_{43}Mn_{46}Sn_{11}B_x$ 合金的热磁曲线和 DSC 曲线

我们在 100 Oe 磁场下测量了 $Ni_{43}Mn_{46}Sn_{11}B_x$ 系列合金的热磁曲线，温度范围为 150～320 K。图 3.10 是 $Ni_{43}Mn_{46}Sn_{11}B_3$ 合金在 100 Oe 下的热磁曲线，测量分为升温和降温

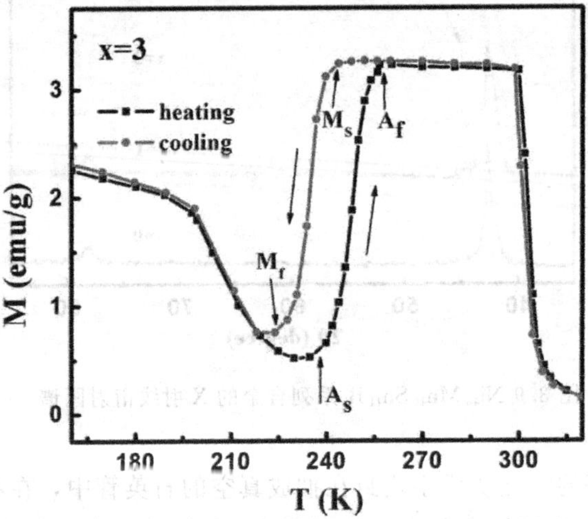

图 3.10 $Ni_{43}Mn_{46}Sn_{11}B_3$ 合金在 100 Oe 下升温降温的热磁曲线

两个过程。从图上可以看到，随着温度的升高，依次可以观察到 3 个相变，马氏体铁磁到顺磁的相变，马氏体到奥氏体的结构相变，奥氏体铁磁到顺磁的相变。在马氏体相变附近有大约 10 K 的热滞，其大小

和未掺杂 Ni-Mn-Sn 合金中的热滞相仿，这也表明马氏体相变是一级相变。另外，在奥氏体相的居里温度附近则没有发现明显的热滞，说明这个相变是二级相变。

图 3.11 是 $Ni_{43}Mn_{46}Sn_{11}B_x$（x= 0，1，3，5）系列合金在 100 Oe 下升温测量得到的热磁曲线。可以看出，在 $Ni_{43}Mn_{46}Sn_{11}B_x$（x= 0，1，3，5）系列合金中，从 x= 0 到 x= 5，随着 B 含量的增加，其逆马氏体相变温度从 195 K 提高到 272 K，同时奥氏体的居里温度也从 280 K 提高到 318 K。在 Ni-Mn 基的 Heusler 合金中，磁性交换作用是一种长程的间接 Ruderman-Kittel-Kasuya-Yosida 作用。所以磁有序温度和传导电子浓度有密切的关系，并且它能够解释合金中马氏体相变温度和价电子浓度 e/a 之间的关系。在 Ni-Mn 基合金中，包括非正分的 Ni-Mn 基合金，磁有序温度都和 Mn-Mn 间距有非常紧密的联系[19,27-28]。在 $Ni_{43}Mn_{46}Sn_{11}B_x$ 合金中，晶格常数的变化导致 Mn-Mn 间距的变化将会影响磁性交换作用的强弱，从而导致马氏体相变温度和奥氏体居里温度的改变。

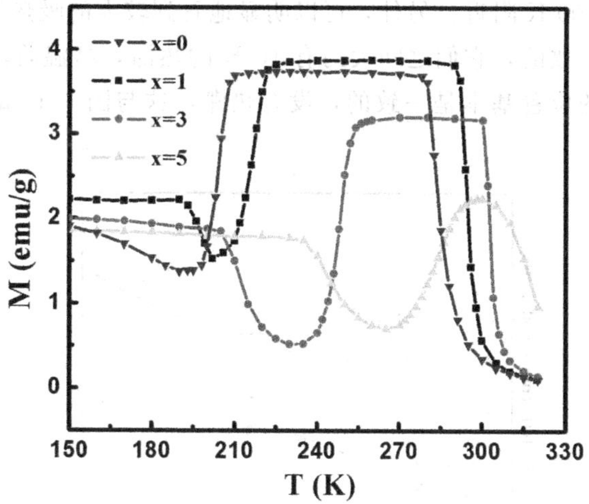

图 3.11 $Ni_{43}Mn_{46}Sn_{11}B_x$（x= 0，1，3，5）合金在 100 Oe 下的热磁曲线

表 3.2 $Ni_{43}Mn_{46}Sn_{11}B_x$ 系列合金的特征温度、晶格常数和磁熵变的关系

x	M_s (K)	M_f (K)	A_s (K)	A_f (K)	T_C^A (K)	a (Å)	ΔS_M (J/kg K)
0	200	185	195	206	280	5.978	10.4
1	215	198	210	222	295	5.981	13.0
3	242	225	240	253	304	5.984	6.5
5	275	255	272	292	318	5.986	2.2

表 3.2 为 $Ni_{43}Mn_{46}Sn_{11}B_x$（x=0，1，3，5）系列合金的马氏体相变特征温度以及它们的晶格常数和磁熵变。通过表 3.2，可以更清楚地看出元素 B 在间隙位的掺杂对 $Ni_{43}Mn_{46}Sn_{11}B_x$ 合金马氏体相变温度和奥氏体居里温度造成的影响。

图 3.12 所示是 $Ni_{43}Mn_{46}Sn_{11}B_3$ 合金的 DSC 曲线。低温阶段，可以看到大的放热峰和吸热峰，分别对应的是马氏体相变和逆马氏体相变，峰值的位置表明马氏体相变温度出现在 240 K 左右。高温阶段有相对小的放热峰和吸热峰，对应着奥氏体的居里温度，磁测量结果表明奥氏体居里温度在 300 K 附近。另外，可以明显地看到较大的吸热峰和放热峰的位置是不一致的，它们之间大约有 10 K 的热滞，高温阶段小的放热峰和吸热峰的位置基本是一致的，没有热滞，这与图 3.10 的热磁曲线是吻合的。

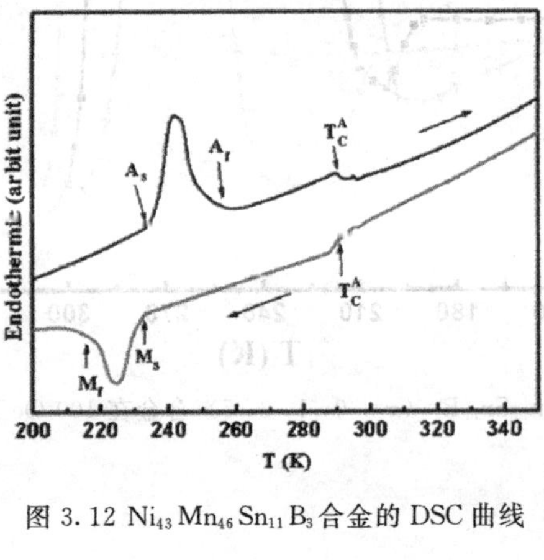

图 3.12 $Ni_{43}Mn_{46}Sn_{11}B_3$ 合金的 DSC 曲线

3.4.4 $Ni_{43}Mn_{46}Sn_{11}B_x$合金的磁化曲线和 Arrott 曲线

在马氏体相变温度附近，我们测量了 $Ni_{43}Mn_{46}Sn_{11}B_x$（x＝0，1，3，5）合金的等温磁化曲线，所加的最大磁场为 10 kOe，分别如图 3.13，3.14，3.15 所示。图 3.13 是 $Ni_{43}Mn_{46}Sn_{11}B_1$ 的等温磁化曲线。当温度低于 210 K 时，样品在10 kOe磁场下表现出弱磁性，当温度升至相变点附近时，磁化强度发生了大幅的跃变。如 210 K 时，在 10 kOe磁场下，样品的磁化强度为 12 emu/g，升温至 218 K 时，磁化强度从 12 emu/g 迅速上升到 67 emu/g。同时，218 K 的磁化曲线表现为较强的铁磁性，此时对应于奥氏体相的铁磁性状态。在 214 ～216 K 之间出现了明显的磁场诱导的变磁性行为，以 216 K 的等温磁化曲线为例，在低场下，样品处在弱磁态（马氏体相），随着磁场的增加，样品的磁化强度迅速增大，变为强的铁磁态。整个相变是在等温条件下（216 K）完成的，变化的只是磁场，说明在接近马氏体相变温度的范围内，即使很低的磁场同样可以诱导马氏体到奥氏体的相变。另外，在马氏体相变温度附近，磁场从 10 kOe 降为 0 的过程中，在相同温度下磁化曲线升场与降场测量的结果并不重和，具有一定的磁滞，这正是一级相变材料所固有的特点。

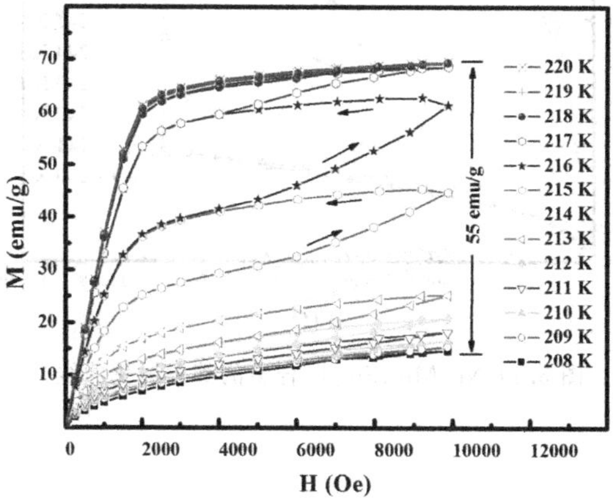

图 3.13 $Ni_{43}Mn_{46}Sn_{11}B_1$ 合金的等温磁化曲线

如图 3.14 所示，$Ni_{43}Mn_{46}Sn_{11}B_3$ 合金的等温磁化曲线也表现出类似的特点：当温度低于 240 K 时，样品处于弱磁态，温度上升到 246 K 时，也出现了明显的磁场诱导的变磁性行为；当温度上升到 250 K 时出现了强的铁磁态，与 $Ni_{43}Mn_{46}Sn_{11}B_1$ 的等温磁化曲线相比，随着 B 含量的增加，马氏体相变的剧烈程度有所变缓，且饱和磁化强度降低到 52 emu/g。整个相变过程磁化强度的变化为 40 emu/g，相比 55 emu/g 有所下降。

图 3.15 是 $Ni_{43}Mn_{46}Sn_{11}B_5$ 的等温磁化曲线，该曲线的特点与前两个样品的磁化曲线基本一致，但样品的磁性明显减弱。294 K 高温铁磁相的饱和磁化强度为 34 emu/g，明显低于前两个样品，且相变前后磁化强度的变化只有 19 emu/g，也明显小于 55 emu/g 和 40 emu/g。可见随着 B 含量的增加，合金的晶格常数逐渐变大，且出现了 Mn_2B 的杂相，影响了晶体内部的磁性交换作用。同时由于晶体中 Mn-Mn 原子间距的变化，降低了样品的饱和磁化强度和马氏体相变的剧烈程度。

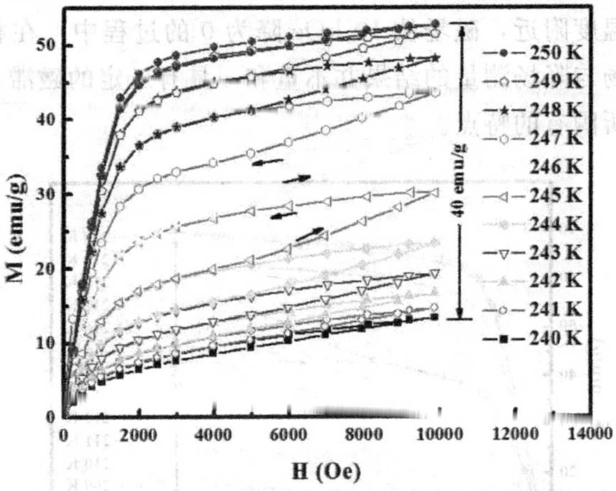

图 3.14 $Ni_{43}Mn_{46}Sn_{11}B_3$ 合金的等温磁化曲线

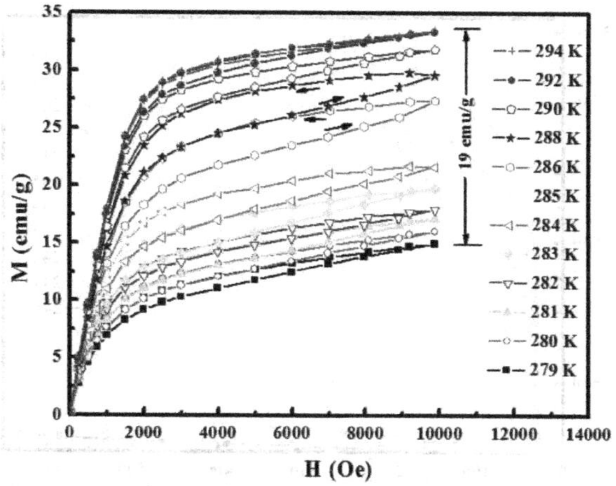

图 3.15 $Ni_{43}Mn_{46}Sn_{11}B_5$合金的等温磁化曲线

根据在马氏体相变温度附近测得的等温磁化曲线，经过变换，我们得到了 $Ni_{43}Mn_{46}Sn_{11}B_x$ 的 Arrott 曲线。图 3.16 和图 3.17 分别是 $Ni_{43}Mn_{46}Sn_{11}B_1$和 $Ni_{43}Mn_{46}Sn_{11}B_3$的 Arrott 曲线。这两个样品的 Arrott

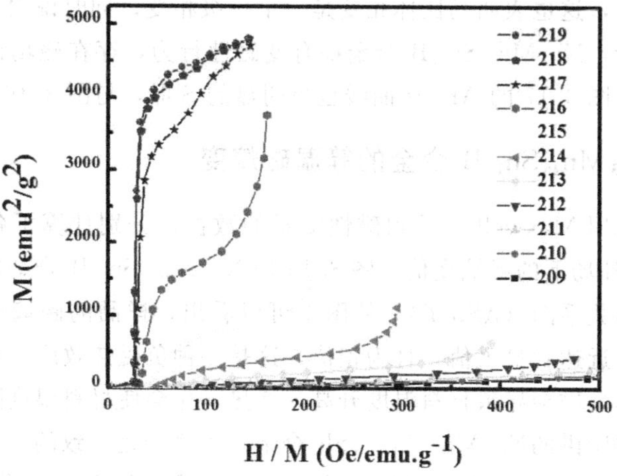

图 3.16 $Ni_{43}Mn_{46}Sn_{11}B_1$合金的 Arrott 曲线

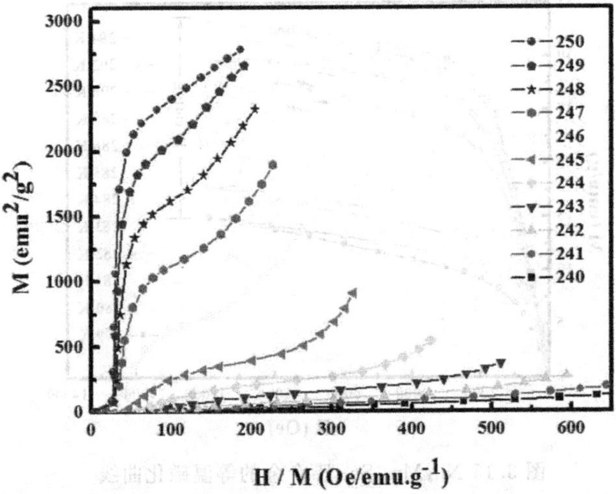

图 3.17 $Ni_{43}Mn_{46}Sn_{11}B_3$合金的 Arrott 曲线

曲线基本保持了相同的形状。根据第三章我们知道，Arrott 曲线被定义为 M^2-H/M 曲线，并且用来判断变磁性相变的类型[29, 30]。从图 3.16 的 Arrott 曲线上可以看到，213～217 K 的曲线都有一个负的斜率，且呈明显 S 形，这也表明马氏体相变是一个一级相变。同时说明，在马氏体相变附近，$Ni_{43}Mn_{46}Sn_{11}B_x$合金都有变磁性行为，存在磁场诱导的变磁性相变。图 3.17 的 Arrott 曲线也呈明显的 S 形，与图 3.16 类似。

3.4.5 $Ni_{43}Mn_{46}Sn_{11}B_x$合金的等温磁熵变

我们利用 Maxwell 关系和磁性测量的数据，分别计算了各个样品在 10 kOe 外场下的磁熵变值。图 3.18 是 $Ni_{43}Mn_{46}Sn_{11}B_x$合金磁熵变随温度变化的关系图（ΔS_M-T）。从图中可以看出，样品的磁熵变都在马氏体相变附近达到最大值，且为正值，这是一种负磁热效应。在这种情况下，绝热去磁会导致材料温度升高，绝热磁化会使材料温度降低。这和第三章中所讲的$Ni_{43}Mn_{46}Sn_{11-x}Sb_x$合金的磁熵变是一致的。

如图 3.18 所示，大的磁熵变峰可以在马氏体相变温度附近看到，随着 B 含量的增加，马氏体相变温度逐渐升高，当 $x=0$，1，3 和 5

时，得到的最大熵变值分别为 10.4，13.0，6.5 和 2.1 J/kg K。大的磁熵值是由弱磁性的马氏体相到铁磁的奥氏体的相变引起的。在马氏体相变温度附近，磁化强度的剧变伴随着磁场诱导的变磁性相变导致了 $Ni_{43}Mn_{46}Sn_{11}B_x$ 合金大的磁熵变。

从图 3.18 可以明显看出，随着 B 含量的增加 $Ni_{43}Mn_{46}Sn_{11}B_x$（x=1，3，5）合金磁熵变值逐渐减小，但是 $Ni_{43}Mn_{46}Sn_{11}B_1$ 的磁熵变值（13.0 J/kg K）大于 $Ni_{43}Mn_{46}Sn_{11}$ 合金的磁熵变值（10.4 J/kg K）；这可能是微量 B 原子的引入轻微地改变了 Mn-Mn 原子间的间距，从而使 $Ni_{43}Mn_{46}Sn_{11}B_1$ 磁性增强的同时它的马氏体相变更加剧烈。在 Ni-Mn 基铁磁形状记忆合金中，磁矩主要来源于 Mn 原子，材料内交换作用的大小和 Mn-Mn 间距关系密切。随着 B 含量的增加和杂相（Mn_2B）的出现减弱了 $Ni_{43}Mn_{46}Sn_{11}B_3$ 和 $Ni_{43}Mn_{46}Sn_{11}B_5$ 合金中的磁化强度，并且使相变剧烈程度下降。另外，马氏体相变温度随着 B 含量的增加逐渐升高，使其更加靠近奥氏体的居里温度，从而使马氏体到奥氏体相变过程中磁化强度的变化量也逐渐变小，导致磁熵变值逐渐减小。

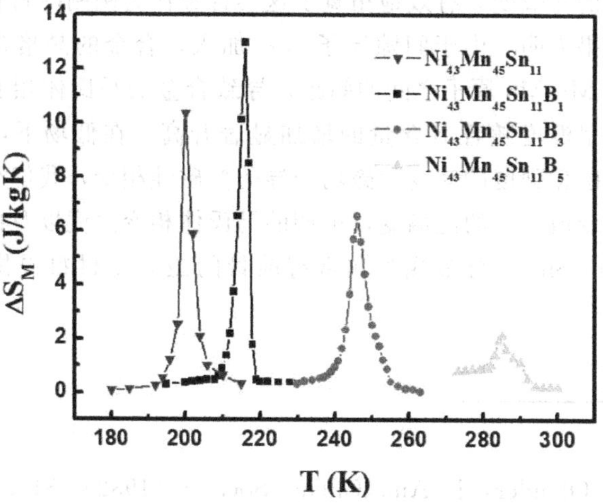

图 3.18 $Ni_{43}Mn_{46}Sn_{11}B_x$ 系列合金的等温磁熵变

第五节 本章小结

在本章中，主要研究了两个方面的内容，分别如下：

首先，通过用少量的元素 Sb 替代 $Ni_{43}Mn_{46}Sn_{11}$ 合金中的元素 Sn，研究了其对磁性马氏体相变温度和磁熵变的影响。实验结果表明，$Ni_{43}Mn_{46}Sn_{11-x}Sb_x$ 合金中马氏体相变温度随着 Sb 含量的增加而增加，奥氏体的居里温度随之而略有降低。由于该相变是一级相变，相变前后结构不同，在相变点附近磁化强度发生非常剧烈的跃变，并且这种跃变可以由温度和磁场两种方式诱导。因此，我们在马氏体相变附近得到了一个较大的磁熵变值。$Ni_{43}Mn_{46}Sn_{11-x}Sb_x$ 合金以其价格低廉，在低场 10 kOe下具有较大的磁熵变，且相变温度可以通过少量的 Sb 掺杂来调节，成为这个温区之内可能的磁制冷工质之一。

其次，我们以非正分的 $Ni_{43}Mn_{46}Sn_{11}$ 合金为基础，通过掺入间隙原子 B，成功地调节了马氏体相变的温度范围，并在马氏体相变温度附近得到了较大的磁熵变，有效地拓宽了这类合金作为磁制冷材料的工作温区。研究结果表明，由于间隙原子 B 的加入，合金的晶格常数逐渐增加，改变了 Mn-Mn 原子之间的间距，导致合金的马氏体相变特征温度和奥氏体居里温度随着 B 含量的增加显著升高。在低场下，由于马氏体相变附近磁化强度的突变和磁场诱导的变磁性相变，我们得到了一个较大的磁熵变值。大的磁熵变，可调的马氏体相变温度以及低廉的成本都为 $Ni_{43}Mn_{46}Sn_{11}B_x$ 合金成为非常有前景的磁制冷材料提供了有利的条件。

参考文献

[1] A. Olander, J. Am. Chem. Soc. 56 (1932) 3819.

[2] W. J. Buehler, J. Grifrich, K. C. Wiley. J. Appl. Phys. 34 (1963) 1467.

[3] 徐祖耀. 形状记忆材料. 上海交通大学出版社，1 (2000) 14.

[4] K. Ullakko, J. K. Huang, C. Kantner, R. C. O'Handley, and V. V. Kokorin. Appl. Phys. Lett. 69 (1996) 1966.

[5] A. Fujita, K. Fukamichi, F. Gejima, R. Kainuma, and K. Isshida. Appl. Phys. Lett. 77 (2001) 3054.

[6] K. Oikawa, L. Wulff, T. Iijima, F. Gejima, T. Ohmori, A. Fujita, K. Fukamichi, R. Kainuma, and K. Isshida. Appl. Phys. Lett. 79 (2001) 3290.

[7] Z. H. Liu, M. Zhang, Y. T. Cui, Y. Q. Zhou, W. H. Wang, G. H. Wu, X. X. Zhang, and G. Xiao. Appl. Phys. Lett. 82 (2003) 424.

[8] M. Wuttig, J. Li, and C. Craciunescu. Scr. Mater. 44 (2001) 2393.

[9] Y. Furuya, N. W. Hagood, H. Kimura, and T. Watanabe. Mater. Trans. , JIM 39 (1998) 1248.

[10] T. Kakeshita, T. Takeuchi, T. M. Tsujiguchi, T. Saburi, R. Oshima, and S. Muto. Appl. Phys. Lett. 77 (2000) 1502.

[11] Wang. W. H, Wu. G. H, Chen. J. L, et al. Appl. Phys. Lett. 77 (2000) 3245.

[12] Y. Sutou, Y. Imano, N. Koeda, T. Omori, R. Kainuma, K. Ishida, and K. Oikawa. Appl. Phys. Lett. 85 (2004) 4358.

[13] T. Krenke, E. Duman, M. Acet, E. F. Wassermann, X. Moya, L. Manosa, and A. Planes. Nat. Mater. 4 (2005) 450.

[14] Z. D. Han, D. H. Wang, C. L. Zhang, S. L. Tang, B. X. Gu, and Y. W. Du. Appl. Phys. Lett. 89 (2006) 182507.

[15] S. Y. Yu, Z. H. Liu, G. D. Liu, J. L. Chen, Z. X. Cao, G. H. Wu, B. Zhang, and X. X. Zhang. Appl. Phys. Lett. 89 (2006) 162503.

[16] K. Koyama, H. Okada, K. Watanabe, T. Kanomata, R. Kainuma, W. Ito, K. Oikawa, and K. Ishida. Appl. Phys. Lett. 89 (2006) 182510.

[17] R. Kainuma, Y. Imano, W. Ito, Y. Sutou, H. Morito, S. Okamoto, O. Kitakami, K. Oikawa, A. Fujita, T. Kanomota, and K. Ishida. Nature (London) 439 (2006) 957.

[18] T. Krenke, M. Acet, E. F. Wassermann, X. Moya, L. Manosa, and A. Planes. Phys. Rev. B 72 (2005) 014412.

[19] P. J. Brown, A. P. Gandy, K. Ishida, R. Kainuma, T. Kanomata, K. U. Neumann, K. Oikawa, B. Ouladdiaf, and K. R. A. Ziebeck. J. Phys.: Condens. Matter 18 (2006) 2249.

[20] C. V. Stager, and C. C. M. Campbell. Can. J. Phys. 56 (1978) 674.

[21] D. H. Wang, C. L. Zhang, H. C. Xuan, Z. D. Han, J. R. Zhang, S. L. Tang, B. X. Gu, and Y. W. Du. J. Appl. Phys. 102 (2007) 013909.

[22] H. S. Liu, C. L. Zhang, Z. D. Han, H. C. Xuan, D. H. Wang, and Y. W. Du. J. Alloys. Compd. 467 (2009) 27.

[23] C. L. Zhang, W. Q. Zou, H. C. Xuan, Z. D. Han, D. H. Wang, B. X. Gu, and Y. W. Du. J. Phys. D: Appl. Phys. 40 (2007) 7287.

[24] D. H. Wang, C. L. Zhang, Z. D. Han, H. C. Xuan, B. X. Gu, and Y. W. Du. J. Appl. Phys. 103 (2008) 033901.

[25] J. Marcos, L. Manosa, A. Planes, F. Casanova, X. Batlle, and A. Labarta. Phys. Rev. B 68 (2003) 094401.

[26] M. Pasquale, C. P. Sasso, L. H. Lewis, L. Giudici, T. Lograsso, and D. Schlagel. Phys. Rev. B 72 (2005) 094435.

[27] J. Kubler, A. R. Williams, and C. B. Sommers. Phys. Rev. B 28 (1983) 1745.

[28] S. Y. Yu, Z. X. Cao, L. Ma, G. D. Liu, J. L. Chen, G. H. Wu, B. Zhang, and X. X. Zhang. Appl. Phys. Lett. 91 (2007) 102507.

[29] A. Arrott. Phys. Rev. 108 (1957) 1394.

[30] N. H. Duc, D. T. Kim, Anh, and P. E. Brommer. Physica B 319 (2002) 1.

[31] H. C. Xuan, D. H. Wang, C. L. Zhang, Z. D. Han, H. S. Liu, B. X. Gu, and Y. W. Du. Solid State Commun. 142 (2007) 591.

[32] F. X. Hu, B. G. Shen, J. R. Sun, and G. H. Wu. Phys. Rev. B 64 (2001) 132412.

[33] J. Marcos, A. Planes, L. Manosa, F. Casanova, X. Batlle, A. Labarta , and B. Martinez. Phys. Rev. B 66 (2002) 224413.

[34] Y. K. Kuo, K. M. Sivakumar, H. C. Chen, J. H. Su, and C. S. Lue. Phys. Rev. B 72 (2005) 054116.

[35] S. Fujieda, A. Fujita, and K. Fukamichi. Appl. Phys. Lett. 81 (2002) 1276.

[36] O. Gutfleisch, A. Yan, and K. H. Muller. J. Appl. Phys. 97 (2005) 10M305.

[37] J. R. Proveti, E. C. Passamani, C. Larica, A. M. Gomes, A. Y. Takeuchi, and A. Massioli. J. Phys. D.: Appl. Phys. 38 (2005) 1531.

[38] T. Morikawa, H. Wada, R. Kogure, and S. Hirosawa. J. Magn. Magn. Mater. 283 (2004) 322.

[39] H. Wada, and Y. Tanabe. Appl. Phys. Lett. 79 (2001) 3302.

[40] S. Fujieda, A. Fujita, K. Fukamichi, Y. Yamazaki, and Y. Kijima. Appl. Phys. Lett. 79 (2001) 653.

[41] A. Fujita, S. Fujieda, Y. Hasegawa, and K. Fukamichi. Phys. Rev. B 67 (2003) 104416.

[42] Y. F. Chen, B. G. Shen, F. X. Hu, J. R. Sun, G. J. Wang, and Z. H. Cheng. J. Phycs.: Condens. Matter. 15 (2003) L161.

[43] Y. F. Chen, F. Wang, B. G. Shen, G. J. Wang, and J. R.

Sun. J. Appl. Phys 93 (2003) 1323.

[44] Y. F. Chen, F. Wang, B. G. Shen, J. R. Sun, G. J. Wang, F. X. Hu, Z. H. Chen, and T. Zhu. J. Appl. Phys 93 (2003) 6981.

第四章 退火对 Ni-Mn-Sn 快淬条带马氏体相变、磁熵变和磁电阻的影响

第一节 引 言

Ni-Mn-X (X＝In，Sn，Sb) 系列铁磁形状记忆合金随着温度的降低经历从高温奥氏体到低温马氏体的磁结构相变。由于这两种相的晶格结构以及磁化强度不同，导致在相变温度附近材料表现出大的磁熵变与磁电阻效应。目前该方向是铁磁形状记忆合金研究的热点。

要想在 Ni-Mn-X 铁磁形状记忆合金中观察到磁性马氏体相变，必须得到稳定的相结构。因为这类合金对原子排列、内应力非常敏感，所以熔炼好的样品一般要经过长时间的退火。我们知道，在 $LaFe_{13-x}Si_x$ ($1.2 \leqslant x \leqslant 1.6$) 系列化合物中，其相变类型也为一级相变，在该类化合物的相变点附近发现了大的磁熵变。要使这类化合物具有大的磁热效应的关键就是化合物要形成立方 $NaZn_{13}$ 型晶体结构，而要获得这种相结构，必须将熔炼得到的铸态样品在真空条件下进行 950 ℃长达 14 天以上的退火处理[1-3]。从而导致了这类材料的制备成本较高，且不利于大规模生产。为了降低样品的退火时间，在较短的退火时间内形成 $NaZn_{13}$ 型晶体结构，人们对该类合金进行了一系列深入的研究。用电弧熔炼直接得到的 $LaFe_{11.4}Si_{1.6}$ 铸锭，主要由 α-（Fe，Si）相、LaFeSi 相和极少量的 $NaZn_{13}$ 相组成。Liu 等人用熔体快淬的方法制备了 $LaFe_{11.4}Si_{1.6}$ 条带[4]，在快淬条带中有 22 wt%的 $NaZn_{13}$ 相，快淬过程能抑制 α-（Fe，Si）相的形成，并有助于形成 $NaZn_{13}$ 相。将快淬条带进

行进一步的热处理，在 1273 K 退火 20 分钟，就能得到一个 $NaZn_{13}$ 相占 96 wt%接近纯的 $LaFe_{11.4}Si_{1.6}$ 条带。值得一提的是，相对于铸态合金需要长时间高温退火才能得到，该种方法大大降低了退火处理的时间，有效地节约了成本。

2008 年，Hemando 等人用熔体快淬的方法制备了 $Ni_{50.3}Mn_{35.3}Sn_{14.4}$ 金属条带，并开展了一系列相关的研究[5-8]。他们用扫描电镜观察这些金属条带，发现其断面为均匀的柱状晶，且成分比较均匀。XRD 结果显示这些快淬条带在室温下为立方的 $L2_1$ 结构；磁性测量结果表明这些条带在降温过程中也经历一个从高温奥氏体到低温马氏体的磁性马氏体相变。相较传统的制备方法，该方法制备工艺简单，不需要退火就能使样品成相，大大节约了制备时间，且适合样品的大规模工业生产。同时也有研究组用该方法制备了 Ni-Mn-In-Co 金属条带，同样也能使样品直接成相[9]。

在本章的工作中，我们通过熔体快淬的方法制备了 Ni-Mn-Sn 金属快淬条带，用 XRD 验证其在室温下为 $L2_1$ 结构，与块状 Ni-Mn-Sn 合金一致。此外，我们进一步研究了短时间不同温度退火对金属条带磁学性质和输运性质的影响。研究表明，经过短时间退火能明显提高样品的马氏体相变温度，并在马氏体相变温度附近观察到了大的磁熵变和磁电阻。

第二节　退火对 Ni-Mn-Sn 快淬条带马氏体相变、磁熵变的影响

4.2.1 样品的制备和表征

我们首先用真空电弧熔炼的方法制备了 $Ni_{44}Mn_{45}Sn_{11}$ 合金，原料为高纯的 Ni、Mn 和 Sn。为保证样品的均匀性，将样品反复熔炼几遍。然后，将熔炼好的铸锭放在快淬设备的冷坩埚里。该快淬设备是用电弧熔炼的方法先将铸锭样品融化，然后将冷坩埚倾斜，把液态的样品倒在快速旋转的钼轮上，从而得到样品的快淬金属条带。钼轮的转速为 10 m/s，甩出的条带长约 2～3 cm，厚约 30～40 μm。快淬条带分别密

封在不同的真空石英管内，然后分别在 1123 K 和 1173 K 退火 10 分钟。

制备好的条带样品在室温下用 XRD 检测其晶体结构，用扫描电子显微镜（SEM）观察样品的形貌，包括样品的断面和自由面，并确定样品的成分。然后用振动样品磁强计（VSM）测量样品的磁学性质，用物理性质测试系统（PPMS）测量样品的输运性质。

4.2.2 Ni-Mn-Sn 快淬条带的 SEM 照片

我们用 SEM 观察了 Ni-Mn-Sn 快淬条带的自由面和断面的形貌。图 4.1（a）是快淬条带的断面图，从图上可以看出，条带的截面存在一定程度的均匀有序的柱状结构，表明在这种快速凝结的条带中形成了一定的织构，而且这种柱状晶垂直于条带的表面。图 4.1（b）是快淬条带的自由表面图，表面上晶粒的大小比较均匀，晶粒大小的平均尺寸为 0.9 μm，通过扫描电子显微镜的能谱分析确定条带的平均化学元素成分为 $Ni_{44.1}Mn_{44.2}Sn_{11.7}$。

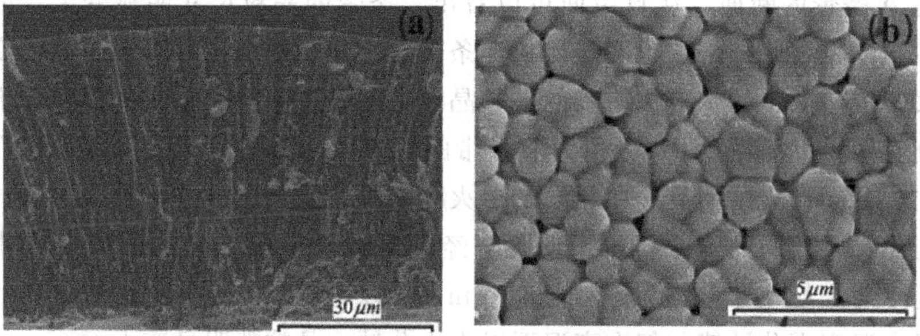

图 4.1 Ni-Mn-Sn 快淬条带的 SEM 照片（a）断面（b）自由面

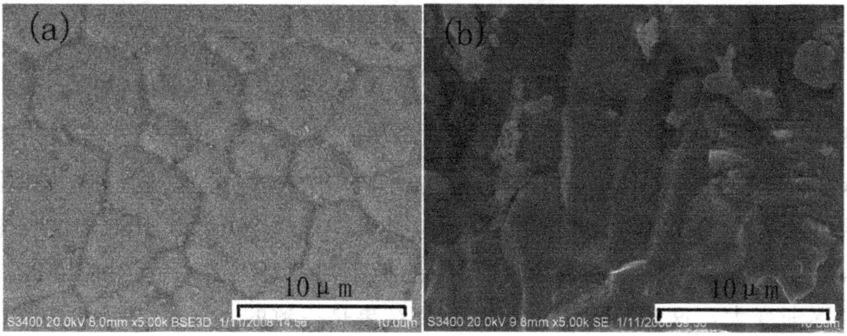

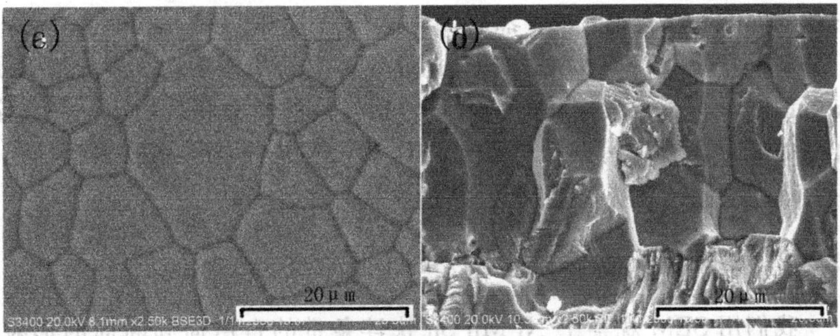

图 4.2　条带 A 和条带 B 的 SEM 照片

(a) 条带 A 的自由面 (b) 条带 A 的断面 (c) 条带 B 的自由面 (d) 条带 B 的断面

为了便于描述，将经过 1123 K 十分钟退火处理后的条带标记为 A 条带，经过 1173 K 十分钟退火处理的条带标记为 B 条带。图 4.2 是 A 条带和 B 条带的 SEM 照片。图 4.2 (a) 为 A 条带的自由面，4.2 (b) 为 A 条带的断面，从自由面可以看出，条带的晶粒尺寸明显变大，晶粒与晶粒之间的间隙也明显比快淬条带变小。从断面也可以看出晶粒变大，快淬条带的带有织构状的柱状晶现在变成了一颗一颗大的晶粒的堆砌。图 4.2 (c)、(d) 分别为 B 条带的自由面和断面。从自由面可以看出，升高退火温度后，在相同的退火时间内，晶粒也进一步长大，晶粒与晶粒之间的间隙变得更不明显。经过退火处理后，A 条带和 B 条带的平均晶粒尺寸分别为 4 μm 和 8 μm。可以看出，晶粒的大小对材料的退火温度十分敏感，仅在高温下退火十分钟，晶粒就明显变大。

4.2.3 Ni-Mn-Sn 条带的 XRD 衍射图谱

为了确定 $Ni_{44.1}Mn_{44.2}Sn_{11.7}$ 快淬条带和退火条带的晶相结构，我们测量了这些条带室温下的 XRD 衍射图谱。如图 4.3 所示，快淬条带和 A、B 条带在室温下均是相同的结构，即 $L2_1$ 结构，表明这些样品在室温下均处于奥氏体相，而且条带经过退火处理后，并没有其他的杂相生成。与快淬条带相比，A 和 B 条带的衍射峰逐渐变窄，表明样品的晶粒逐渐变大，这和前面用电镜观察的结果是一致的。

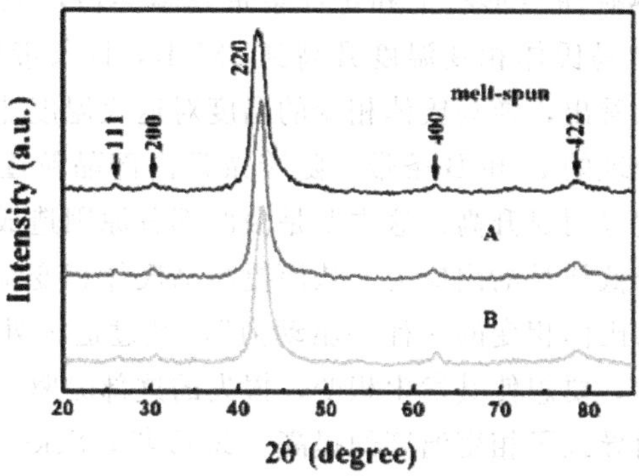

图 4.3 Ni-Mn-Sn 条带的 XRD 衍射图谱

4.2.4 Ni-Mn-Sn 条带的热磁曲线

我们在 100 Oe 的磁场下升温测量了 $Ni_{44.1}Mn_{44.2}Sn_{11.7}$ 快淬条带的热磁曲线，温度范围为 200～320 K，如图 4.4 所示。在低温阶段，所有样品均处于顺磁态，说明这些样品马氏体相的居里温度都低于 200 K。随着温度升高，以快淬条带为例，当升温到 225 K 时，磁化强度突然剧烈增大，此时对应着温度诱导的逆马氏体相变。当继续升温时，样品的磁化强度逐渐降低，奥氏体相的居里温度为 270 K。经过退火处理后的

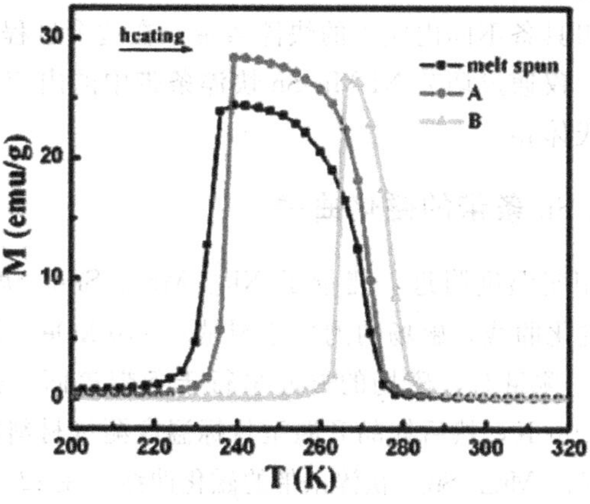

图 4.4 Ni-Mn-Sn 条带在 100 Oe 下的热磁曲线

A 和 B 条带的热磁曲线形状上和快淬条带基本类似，但经过退火处理后，A 条带的逆马氏体相变温度升高到 235 K，B 条带升高到 265 K。所以从图中可以看出，逆马氏体相变的温度对退火温度非常敏感。

经过退火处理的 A 和 B 条带，随着条带内部晶粒逐渐长大，磁性马氏体相变温度也明显升高。这主要是由两部分原因造成的。首先，通过热处理能够降低样品的内应力，从而提高马氏体相变温度。合金中的内应力是发生马氏体相变的一种“驱动力”，经过退火处理后，降低了合金中的内应力，要想使其发生相变，损失的这部分驱动力就需要靠温度来弥补，从而导致了相变温度的提高。2008 年，Seki 等人在 FePd 铁磁形状记忆合金相变温度和颗粒尺寸关系的研究中发现经过不同的退火处理，随着晶体颗粒变大，马氏体转变温度提高，这与我们的实验结论一致[10]。另一方面，熔体快淬法制成的条带，由于经历了由液相到固相的快速相变，样品中的原子并非处于能量较低的平衡态，所以形成样品的原子位置不是稳定态。在退火处理后，条带会经历一个结构与应力的弛豫过程，使得原子位置发生变化，这种变化将有可能改变 Mn-Mn 原子间距。对于 Ni-Mn 基合金，交换能大小的变化对于 Mn-Mn 原子间距的改变极为敏感，从而影响了合金的马氏体相变温度和居里温度[11-14]。因此，通过熔体快淬的方法制备具有较大内应力的快淬样品，然后通过不同温度的退火处理，条带的内应力得到不同程度的释放，这样就得到了一组具备不同内应力的快淬条带。在这个过程当中并没有改变材料的成分，仅通过调节 Ni-Mn-Sn 快淬条带中的内应力，有效地调节了条带的马氏体相变。

4.2.5 Ni-Mn-Sn 条带的磁化曲线

在马氏体相变温度附近，测量了 $Ni_{44.1}Mn_{44.2}Sn_{11.7}$ 快淬条带和 A、B 条带的等温磁化曲线，磁场的测量范围是 0～10 kOe，分别如图 4.5，4.6，4.7 所示。测量时，磁场的方向平行于条带表面；先将样品在零磁场下降温到 100 K，然后样品升温至目标温度测量材料的等温磁化曲线。图 4.5 是 $Ni_{44.1}Mn_{44.2}Sn_{11.7}$ 快淬条带的磁化曲线。在 220 K 以下，样品表现出弱磁性；随着温度升高，磁性逐渐增强。在马氏体相变温度附近，因为所加外场最大为 10 kOe，样品表现出不太明显的变磁性行为。当样品温度从 228 K 升高到 230 K，只升高 2 K，在 10 kOe 下样品的磁化强度就从 20 emu/g 上升到 35 emu/g，可见快淬条带在此温区磁化强度随温度变化非常剧烈，到 234 K 时，样品为奥氏体，表现为铁磁性。

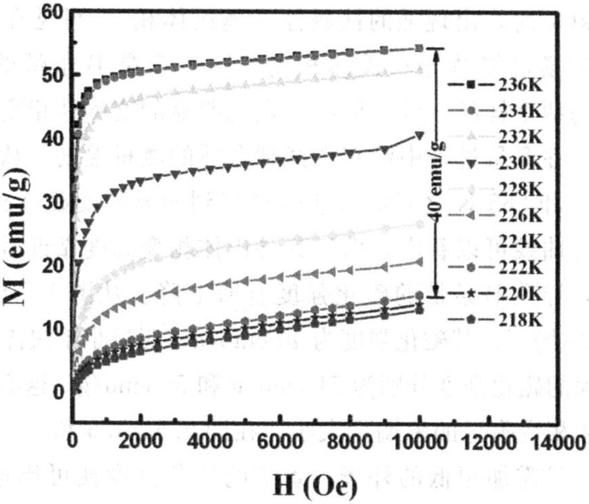

图 4.5　Ni-Mn-Sn 快淬条带的磁化曲线

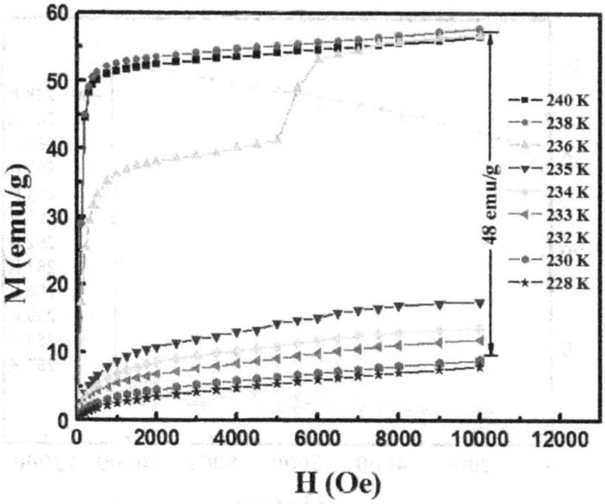

图 4.6 条带 A 的磁化曲线

图 4.6 是 A 条带的磁化曲线，在 230 K 以下，样品处在马氏体相，表现出弱磁性，随着温度升高，到 240 K 表现出强的铁磁性，此时处于奥氏体相。与快淬条带不同的是，236 K 的等温磁化曲线表现出明显的磁场诱导的变磁性相变，在低场5 kOe下，是弱磁相（马氏体相），当磁场升至 7 kOe 时，出现强的铁磁性（奥氏体相），可见在马氏体相变温度附近，磁场也能诱导马氏体相变。图 4.7 是 B 条带的磁化曲线，基本与前面的两个样品一致，但没有发现明显的变磁性相变，这可能是相变太剧烈，在测量过程中没有选择到合适的测量温度，从磁化曲线上判断在 264 K 和 265 K 之间应该能够观察到明显的变磁性行为。另外，从前面的热磁曲线可以看出，由于其马氏体相变温度靠近后面奥氏体相的居里温度，导致 B 条带的磁化强度有所下降。从图 4.7 也可以看出，在 10 kOe 的磁场下，其磁化强度为 40 emu/g，明显小于快淬条带和 A 条带，它们最大的磁化强度分别为 51 emu/g 和 56 emu/g，这必然会降低该样品在马氏体相变附近的磁熵变大小。在图 4.5，4.6 和 4.7 中，对于高温奥氏体相，只需加很低的外场，条带的磁化强度便可迅速达到饱和。这种软磁行为的表现一方面归因为奥氏体的立方对称结构造成的较低的磁晶各向异性场，另一方面是由于易磁化方向平行于条带表面所致[5-8]。

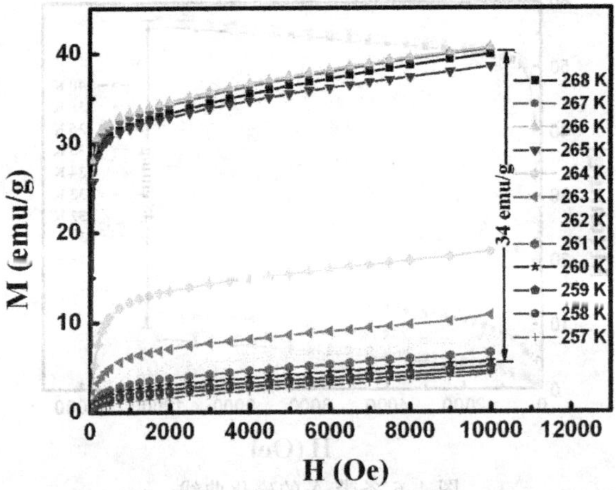

图 4.7 条带 B 的磁化曲线

4.2.6 Ni-Mn-Sn 条带的等温磁熵变

我们利用 Maxwell 关系和磁性测量的数据，分别计算了各个样品在 10 kOe 外磁场下的磁熵变值。图 4.8 是 $Ni_{44.1}Mn_{44.2}Sn_{11.7}$条带的磁熵变随温度变化的关系图（$\Delta S_M$-$T$）。

如图 4.8 所示，在马氏体相变温度附近观察到了大的磁熵变峰，经过退火处理后，马氏体相变温度随退火温度的升高逐渐升高，在低场 10 kOe下，计算得到的快淬条带、A 和 B 条带的最大磁熵变值分别为 6.4，32.0 和 19.8 J/kg K，即便是在 5 kOe 下，依然得到较大的磁熵变值，分别为 3.2，13.3 和 9.8 J/kg K。相比退火处理后的条带，未经退火处理的快淬条带的磁熵变ΔS_M峰值相对较低，而峰的宽度则相对较宽。

大的磁熵变值是由弱磁性的马氏体相到铁磁的奥氏体相的相变引起的。与传统的块状合金相比，用熔体快淬的方法制备的金属条带可以直接成相，并有较大的磁熵变值。A 和 B 条带经过简单的退火处理，熵变值明显增大，这主要由于退火处理后，条带内部经过结构弛豫，成分更加均匀，马氏体相变更加剧烈，同时相变过程中磁化强度的变化量也变大，所以退火条带的磁熵变值大于快淬条带。相比 A 条带，B 条带的马氏体相变温度明显升高，由图 4.4 可以看出，其马氏体相变温度已经非常靠近奥氏体的居里温度，所以在相变过程中磁化强度的变化量也明显变小，因此其熵变值较 A 条带的小。

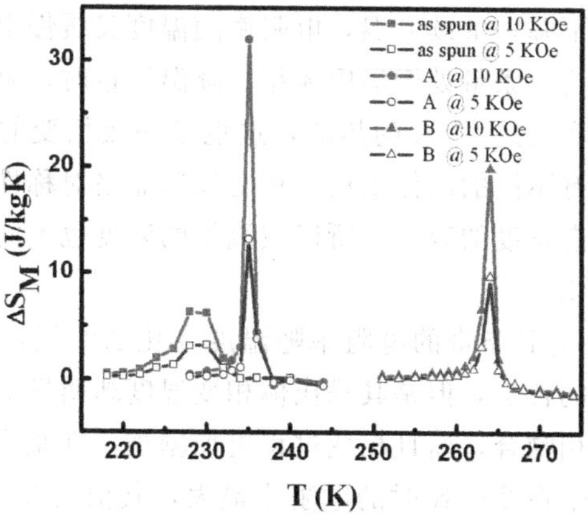

图 4.8 $Ni_{44.1}Mn_{44.2}Sn_{11.7}$条带的等温磁熵变

第三节　退火对 Ni-Mn-Sn 快淬条带输运性质的影响

$Ni_{44.1}Mn_{44.2}Sn_{11.7}$ 条带在低温随着温度升高的过程经历一个从低温马氏体相到高温奥氏体相的相变。该相变是一级相变，在相变温度附近发生了结构上的改变，因此会带来输运性质的变化[15－16]。

我们研究了 $Ni_{44.1}Mn_{44.2}Sn_{11.7}$ 快淬条带和条带 B 在马氏体相变附近的磁电阻。图 4.9 是快淬条带和 B 条带在无外磁场的情况下测得的电阻率随温度变化的曲线，测量过程是先升温后降温，磁场的方向垂直于金属条带的表面。

图 4.9 (a) 是快淬条带升温和降温测得的电阻率随温度变化的曲线，温度范围是 200～300 K。可以看出：升温测量时，在低温阶段样品处于马氏体相时，电阻率随温度升高而降低，类似半导体性行为。这主要是由于马氏体相是一种孪晶结构，无序度较大，晶界较多，因而它对电子的散射比较大，电阻率较高；而奥氏体相是一种立方结构，晶界较少，对电子的散射低，因而电阻率较低。当温度逐渐升高时，马氏体相逐渐变少，奥氏体相逐渐增多，从而电阻率宏观表现上随温度的升高略有降低，表现出类似半导体的行为。当温度升高至马氏体相变温度附近，电阻率迅速下降；继续升温，电阻率随温度又缓慢上升，呈现典型的金属性行为，这时条带处于奥氏体相；降温测量时，可以明显看出在马氏体相变附近有大约 15 K 的热滞，这也是一级相变的特点。由于马氏体和奥氏体具有不同的晶体结构，相变前后晶格对称性的改变导致费米面附近电子能态密度的改变，所以载流子的浓度也不同，其宏观表现就是电阻率的变化[17－18]。

图 4.9 (b) 是 B 条带的电阻率随温度变化的曲线，该曲线和快淬条带表现出类似的特点，但是其马氏体相变温度却明显上升，这与前面热磁曲线的结果相吻合，而且相变过程更加剧烈。在整个 ρ-T 曲线中，退火处理后的条带在 200 K 时的电阻率最大，其值为 210 $\mu\Omega \cdot cm$。而快淬条带在 200 K 的电阻率为 670 $\mu\Omega \cdot cm$。可以看出，退火使条带的

电阻率显著下降。这可能主要是快淬条带内部晶粒较小，无序度相对较大，而退火后的条带内部的晶粒显著增大，晶体内部无序度降低，同时晶粒之间的界面减少，电子在晶体内部传导时受到的散射以及界面散射相对变小，因而退火后条带的电阻率明显下降。

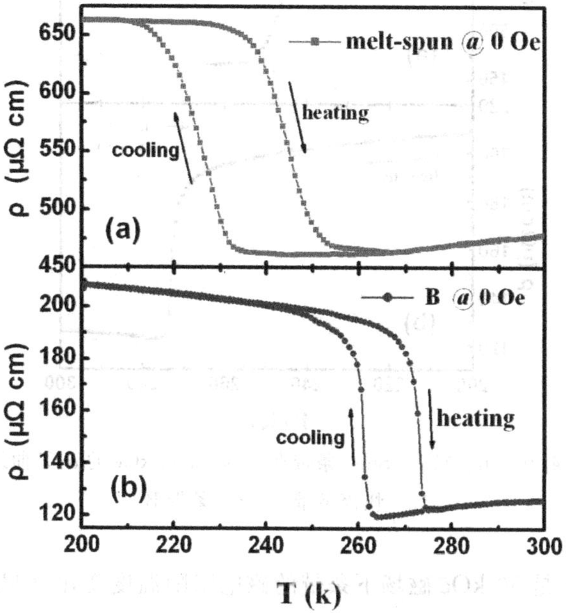

图 4.9　$Ni_{44.1}Mn_{44.2}Sn_{11.7}$条带的 ρ-T 曲线

(a) 快淬条带 (b) 条带 B

图 4.10 是快淬条带和 B 条带在 0 Oe 和在 50 kOe 下升温测量得到的 ρ-T 曲线，其中图 4.10 (a) 是快淬条带，(b) 是 B 条带。从 4.10 (a) 可以看出，在 50 kOe 外加磁场下条带的相变温度明显下降，也就是说在磁场的作用下，逆马氏体相变提前发生。这种相变温度随磁场变化的特点，在前面的磁性测量中已经发现。由于温度和磁场都可以诱导马氏体相变，所以高场下相变温度降低。从图 4.10 (b) 可以看出，B 条带在外磁场下相变温度也明显降低，相变同样十分剧烈。

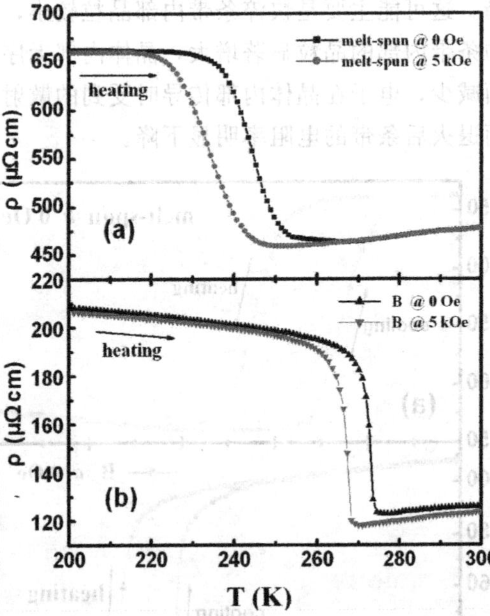

图 4.10 $Ni_{44.1}Mn_{44.2}Sn_{11.7}$ 条带在 0 Oe 和 50 kOe 的 ρ-T 曲线

（a）快淬条带　（b）条带 B

图 4.11 是 50 kOe 磁场下条带的磁电阻随温度变化（*MR*-*T*）的关系曲线，这里 *MR* 定义为加磁场后电阻率的变化量和加磁场前的电阻率的比值（$\{[\rho(H)-\rho(0)]/\rho(0)\}\times 100\%$）。如图所示，快淬条带在马氏体相变温度附近（235 K）磁电阻达到最大值 22%，B 条带在 268 K 磁电阻也达到最大值 38%。可以看出，快淬条带经过退火后磁电阻明显增大，而且相变温度向高温方向移动。在相变温度附近，磁场改变了自旋相关散射的状态以及费米面附近的电子能态密度，所以出现了较大的磁电阻效应[17-18]。另一方面，由图 4.9 我们看出退火后的条带 B 其整体的电阻率比快淬条带降低很多，而经过马氏体相到奥氏体相的转变之后，两个样品电阻率的变化量相差不是很多，根据磁电阻的公式，分子变化不大的情况下，分母明显变小，那么其磁电阻也变大。所以条带 B 的磁电阻明显增大。

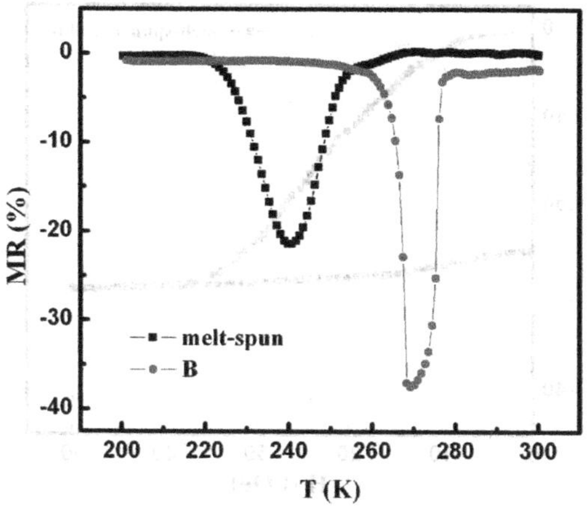

图 4.11　50 kOe 磁场下 $Ni_{44.1}Mn_{44.2}Sn_{11.7}$ 条带磁电阻随温度变化关系

我们同时研究了材料的磁电阻随外加磁场变化的具体关系。根据图 4.11，我们选取了快淬条带磁电阻峰值温度附近的 240 K 和 B 条带磁电阻峰值温度附近的 268 K，测量了 *MR-H* 关系曲线。如图 4.12 所示，随着外加磁场的增加，磁电阻也逐渐达到饱和；当磁场逐渐减小至 0 Oe 时，磁电阻又逐渐变小，但并不能完全返回到未加磁场前的状态。B 条带随着外加磁场的增加，磁电阻曲线的形状与快淬条带基本一致，当磁场增大到 40 kOe 时，磁电阻达到 40%，也已经基本饱和。同样磁场逐渐减小至 0 Oe 时，磁电阻也不能完全返回到未加磁场的状态。对于这两个条带样品，当磁场由 50 kOe 减小到 0 Oe 时，两个样品磁电阻的变化均不大，这主要是由于测量选取的都是在马氏体相变附近的温度。由前面的绝热磁化曲线也可以看出，磁场可以诱导从马氏体到奥氏体的相变，当样品转变为奥氏体以后，降低磁场并不能使其从奥氏体完全转变为马氏体。所以，当磁场减小到 0 Oe 时，样品的磁电阻都并不能返回到未加磁场时的状态，要想使其恢复到没加磁场前的状态，只能使样品降低温度，让其重新回到马氏体相。

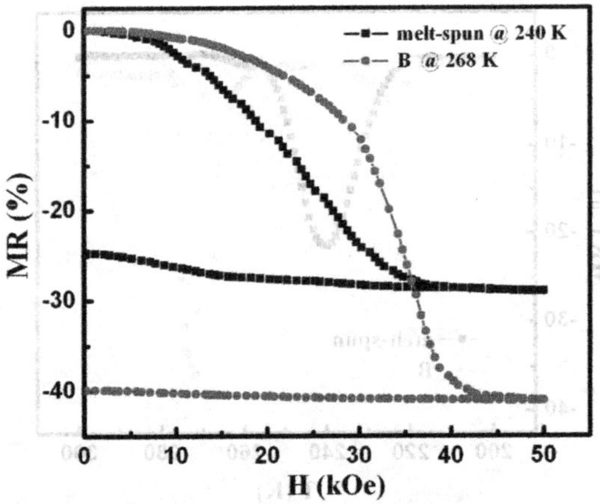

图 4.12 $Ni_{44.1}Mn_{44.2}Sn_{11.7}$条带磁电阻随磁场变化关系

第四节 本 章 小 结

我们用熔体快淬的方法制备了 $Ni_{44.1}Mn_{44.2}Sn_{11.7}$ 铁磁形状记忆合金的快淬条带，并研究了不同的退火温度对 $Ni_{44.1}Mn_{44.2}Sn_{11.7}$ 条带的晶粒大小、磁相变、磁熵变和输运性质的影响。由于该相变是一级相变，相变前后结构不同，磁性差异巨大，所以在相变点附近，磁化强度和电阻率发生非常剧烈的跃变，并且这种跃变可以由温度和磁场两种方式诱导。

研究发现在 1123 K 和 1173 K 的温度下短时间退火就能使晶体内部的晶粒明显变大，并且随着晶粒变大，条带的马氏体相变温度和奥氏体的居里温度明显提高。同时，我们研究了 $Ni_{44.1}Mn_{44.2}Sn_{11.7}$ 条带的等温磁熵变和磁电阻性质。结果表明，在相变点附近，$Ni_{44.1}Mn_{44.2}Sn_{11.7}$ 系列条带在低场 10 kOe 下，在马氏体相变温度附近计算到最大的磁熵变值分别为 6.4，32.0 和 19.8 J/kg K，即便是在 5 kOe 下，依然得到较大的磁熵变值，分别为 3.2，13.3 和 9.8 J/kg K。相比退火处理后的条带，未经退火处理的快淬条带的磁熵变 ΔS_M 峰值相对较低，而且峰的宽度相对较宽。

我们又研究了该系列条带在马氏体相变温度附近的输运性质。快淬条带在马氏体相变温度附近（235 K）磁电阻达到最大值 22%，经过 1173 K 退火十分钟后的条带在 268 K 磁电阻也达到最大值 38%。可以看出，快淬条带经过退火后磁电阻明显增大，而且相变温度向高温方向移动。

相对传统的块体合金，$Ni_{44.1}Mn_{44.2}Sn_{11.7}$ 条带不经过退火处理就能成相，大大降低了样品的制备时间和成本，而且短时间不同温度的退火就能明显提高样品的马氏体相变温度，我们还在马氏体相变附近观察到了大的磁熵变和磁电阻效应。简单的制备工艺，低廉的成本，还有在马氏体相变温度附近的较大的磁熵变和磁电阻，使得 Ni-Mn-Sn 条带有着非常广阔的应用前景。

参考文献

[1] F. X. Hu, B. G. Shen, J. R. Sun. Appl. Phys. Lett. 76 (2000) 3460.

[2] O. Moze, W. Kockelmann, J. P. Liu, F. R. de Boer, K. H. J. Buschow. J. Appl. Phys. 87 (2000) 5284.

[3] A. Fujita, S. Fujieda, Y. Hasegawa, K. Fukamichi. Phys. Rev. B 67 (2003) 104416.

[4] X. B. Liu, Z. Altounian, G. H. Tu. J. Phys.: Condens. Matter 16 (2004) 8043.

[5] J. L. Sánchez Llamazares, T. Sanchez, J. D. Santos, M. J. Pérez, M. L. Sanchez, B. Hernando, Ll. Escoda, J. J. Sunol, R. Varga. Appl. Phys. Lett. 92 (2008) 012513.

[6] B. Hernando, J. L. Sánchez Llamazares, J. D. Santos, Ll. Escoda, J. J. Suñol, R. Varga, D. Baldomir, D. Serantes. Appl. Phys. Lett. 92 (2008) 042504.

[7] J. D. Santos, T. Sanchez, P. Alvarez, M. L. Sanchez, M. L. Sanchez, J. L. Sánchez Llamazares, B. Hernando, Ll. Escoda, J.

J. Sunol, R. Varga. J. Appl. Phys. 103 (2008) 07B326.

[8] B. Hernando, J. L. Sánchez Llamazares, J. D. Santos, V. M. Prida, D. Baldomir, D. Serantes, R. Varga, J. González. Appl. Phys. Lett. 92 (2008) 132507.

[9] J. Liu, N. Scheerbanm, D. Hinz, O. Gutfleisch. Appl. Phys. Lett. 92 (2008) 162509.

[10] K. Seki, H. Kura, T. Sato, and T. Taniyama. J. Appl. Phys. 103 (2008) 063910.

[11] D. H. Wang, K. Peng, B. X. Gu, Z. D. Han, S. L. Tang, W. Qin, and Y. W. Du. J. Alloys Comp. 358 (2003) 312.

[12] P. J. Brown, A. P. Gandy, K. Ishida, R. Kainuma, T. Kanomata, K. U. Neumann, K. Oikawa, B. Ouladdiaf, and K. R. A. Ziebeck. J. Phys.: Condens. Matter 18 (2006) 2249.

[13] J. Kubler, A. R. Williams, and C. B. Sommers. Phys. Rev. B 28 (1983) 1745.

[14] S. Y. Yu, Z. X. Cao, L. Ma, G. D. Liu, J. L. Chen, G. H. Wu, B. Zhang, X. X. Zhang. Appl. Phys. Lett. 91 (2007) 102507.

[15] S. Y. Yu, Z. H. Liu, G. D. Liu, J. L. Chen, Z. X. Cao, G. H. Wu, B. Zhang, X. X. Zhang. Appl. Phys. Lett. 89 (2006) 162503.

[16] K. Koyama, H. Okada, K. Watanabe, T. Kanomata, R. Kainuma, W. Ito, K. Oikawa, K. Ishida. Appl. Phys. Lett. 89 (2006) 182510.

[17] T. Takabatake, M. Shirase, K. Katoh, Y. Echizen, K. Sugiyama, T. Osakabe. J. Magn. Magn. Mater. 53—54 (1998) 177.

[18] Y. Q. Zhang, Z. D. Zhang, J. Aarts. Phys. Rev. B 70 (2004) 132407.

第五章 高锰含量 Ni-Mn 基铁磁形状记忆合金的交换偏置、磁热和磁电阻效应研究

第一节 引 言

形状记忆合金（Shape Memory Alloys）是一种能够记忆原有形状的智能材料。形状记忆合金所具有的“形状记忆”和“超弹性”两大特殊功能，引起国际材料科学界的极大兴趣，其应用范围涉及机械、电子、化工、宇航、能源和医疗等许多领域。形状记忆效应是指当合金在低于相变温度下，受到一有限度的塑性变形后，可由加热的方式使其恢复到变形前的原始形状，这主要是由马氏体相变机制产生的。传统的形状记忆合金，如 Ti-Ni 基、Cu 基、Fe 基等，虽然具有较大的可逆恢复应变和大的恢复力，但由于受温度场驱动，其响应频率比较低（1 Hz 左右）[1]。

铁磁形状记忆合金（Ferromagnetic Shape Memory Alloy）是指同时具有铁磁性和热弹性马氏体相变特征的金属间化合物，是近几年发展起来的一类新型智能材料。这类合金不但具有受温度场控制的热弹性形状记忆效应，而且具有受磁场控制的铁磁性形状记忆效应(Ferromagnetic Shape Memory Effect)。这类合金具有大的应变和高响应频率，是一种较为理想的驱动材料，使其在声纳、微波器件以及噪声控制等领域有着广泛的应用。同时，独特的磁性能使 FSMA 用作温度场及磁场的传感器。Ni-Mn-Ga 合金是最早发现的铁磁形状记忆合金，

具有较大的磁致应变效应，而且其应变的大小可以通过改变磁场的强弱来控制，这些优异的性能意味着这种材料在未来有着广泛的应用前景。

2004 年，Sutou 等人在 Ni-Mn-X（X＝In，Sn，Sb）中发现了一种新的 FSMA，从而引起了国际上的广泛关注[2]。随着温度的降低，合金经历了从高温奥氏体相到低温马氏体相转变的结构相变，并伴随着磁化强度和电阻率的突变，该相变可以被温度、磁场和应力所驱动，并且在相变附近有着丰富的物理现象。这类合金的奥氏体相一般具有和 Ni-Mn-Ga 合金母相相同的 $L2_1$ 结构，马氏体相的结构则比较复杂，一般随着成分的不同呈现出不同的结构，可能是 $10M$、$14M$、$L1_0$ 或者 $4O$ 结构[3-4]。同时，非正分的 Ni-Mn-X（X＝ In，Sn，Sb）合金的马氏体相和奥氏体相的结构不同，磁化强度随着结构的变化有一个跃变，从而伴随着巨磁热、磁电阻、磁致应变等效应[5-9]。

2006 年开始，我们也开展了对 Ni-Mn 基 FSMA 的研究。图 5.1 是 Ni-Mn 基 FSMA 中具有代表性的热磁（M-T）曲线。可以看出，降温过程中，样品从高温奥氏体转变为低温马氏体，称为马氏体相变；升温过程中，样品从低温马氏体转变为高温奥氏体，称为逆马氏体相变。图中标出了相应的几个相变特征温度，升温过程中，依次历经马氏体居里点（$T_C{}^M$）、奥氏体相变开始温度（A_s）、奥氏体相变结束温度（A_f）、奥氏体居里点（$T_C{}^A$）；降温过程中，依次历经奥氏体居里点（$T_C{}^A$）、马氏体相变起始温度（M_s）、马氏体相变结束温度（M_f）、马氏体居里点（$T_C{}^M$）。这类合金在马氏体相变温度附近有着非常丰富的物理性质，所以调节马氏体相变温度是现在研究的热点。通常，研究得比较多的主要有以下几种办法调节此类合金的相变温度：（1）改变合金的化学成分[3,10]，（2）过渡族元素替代部分 Ni 或 Mn[11-14]；（3）同主族元素替代[15]；（4）间隙位原子掺杂[16-17]；（5）熔体快淬做成条带[18-20]，然后不同温度退火处理等等。上述方法在这类合金体系中均能有效地调节合金的马氏体相变温度。这类合金在马氏体相变附近伴随着磁化强度的剧变，因此，在相变点附近得到了大的磁熵变效应[16]。

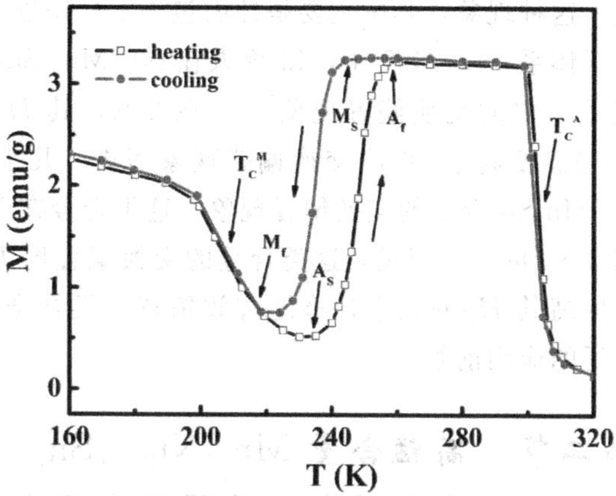

图 5.1 Ni-Mn 基 FSMA 具有代表性的 M-T 曲线

在上一章中我们研究了不同的退火温度对这类合金快淬条带磁性马氏体相变温度及相变附近磁熵变、磁电阻效应的影响[18, 21]。研究发现，随着退火温度升高，经过退火处理的条带，其内部晶粒逐渐长大，马氏体相变温度也相应升高。这主要是因为退火处理降低了合金中的内应力，要使其发生相变，损失的这部分驱动力就需要靠温度来弥补，从而导致了相变温度的提高[18]。另外，在马氏体相变温度附近，该类合金条带表现出很大的磁电阻效应，经过退火处理的样品在 268 K 时的磁电阻达到 38%[21]。这类合金的马氏体相和奥氏体相具有完全不同的结构，也具有不同的电阻率，由于在相变温度附近，其马氏体相变能够被磁场所驱动，因此表现出较大的磁电阻效应[21]。

在 Ni-Mn 基铁磁形状记忆合金中，除了前面报道的大的磁致应变、磁熵变和磁电阻效应外，有的研究组发现该类合金在低温马氏体相还有一定的交换偏置效应[22-23]。交换偏置效应一般是指将有界面接触的铁磁/反铁磁材料在稳定的外磁场（冷却磁场）作用下从某一高于反铁磁奈尔温度 T_N 低于铁磁居里温度 T_C 的温度冷却到奈尔温度以下，材料的磁滞回线将会向左或向右偏移（或正或负），同时伴随着矫顽力 H_C 的变化[24]。交换偏置现象在细微粒子体系中发现以后，在其他很多种材料中也发现了这种现象，其中主要是外面包裹了反铁磁或亚铁磁氧化物的铁磁性粒子体系[24]。2007 年，Li 等人在 $Ni_{50}Mn_{36}Sn_{14}$ 合金的低温马氏体相发现了一定的交换偏置现象[23]。在 2 K，其 H_E 的最大值为 180 Oe 左右，当温度高于 70 K 交换偏置现象消失。几乎同时，Khan 等人研究了 Ni-Mn-Sb 合金的交换偏置现象，这类合金在 5 K 时的最大交换偏置达到 248 Oe[22]。但是，这类合金的交换偏置场 H_E 都比较小，如果能进一步提高其 H_E 的大小，将能有效拓宽该类合金的应用领域，使其有更加广泛的应用前景。

第二节 高锰含量 $Mn_{50}Ni_{40-x}Sn_{10+x}$ 合金的交换偏置效应研究

5.2.1 高锰含量铁磁形状记忆合金中提高交换偏置效应的研究途径

正分的 Ni-Mn-X (X=In, Sn, Sb) 铁磁形状记忆合金是没有马氏体相变的，随温度变化没有结构相变，都是立方的 $L2_1$ 结构。图 5.2 所示是正分的 Ni_2MnSn 合金的结构示意图，该有序结构可以看成由四个 *fcc* 次晶格沿对角线方向相互穿插构成，四个次晶格的构成原子分别为 Ni，Mn，Ni，Sn；在对角线上对应的坐标分别是（0，0，0），(1/4，1/4，1/4)，(1/2，1/2，1/2)，(3/4，3/4，3/4)[25]。非正分的 Ni-Mn-X (X=In，Sn，Sb) 合金的低温和高温则是两种不同的结构，低温是弱磁的马氏体相，高温是铁磁的奥氏体相，从高温到低温经历奥氏体到马氏体的结构相变．Krenk 等人用 XRD 的方法研究了不同成分的 $Ni_{50}Mn_{50-x}Sn_x$ 合金中马氏体的结构[3]。图 5.3 是 $Ni_{50}Mn_{50-x}Sn_x$ 合金的结构示意图，用 Mn 原子部分替代 Sn 后，材料中多余的 Mn 原子占据原来 Sn 的位置。占据 Sn 位的 Mn 原子的磁矩与占据 Mn 位的 Mn 原子是反平行排列的，这样就引入了反铁磁的交换作用[3,4]。经过马氏体相变以后，晶格结构发生扭曲，原子间距发生变化，使得马氏体相的反铁磁交换作用增强，这样就形成了铁磁和反铁磁共存的马氏体相[3-4]。因此，有研究者在低温马氏体相就发现了这类合金的交换偏置现象。

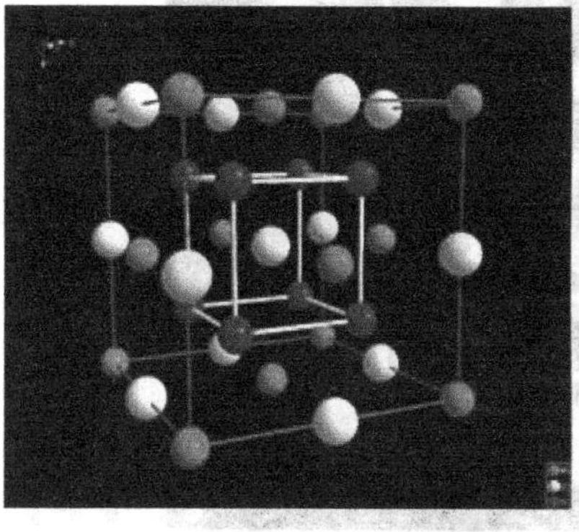

图 5.2 Ni_2MnSn 合金的结构示意图

图 5.3 $Ni_{50}Mn_{50-x}Sn_x$ 合金的结构示意图

Ni Mn Sn

虽然这类合金在低温马氏体相有一定的交换偏置现象，但是交换偏置场 H_E 都比较小[22-23]，能否进一步提高该类合金的 H_E，拓展其应用前景是我们研究的目的。在低温马氏体相出现交换偏置现象，主要是由于多余的 Mn 原子占据了原来 Sn 的位置，引入了反铁磁交换作用。如果在马氏体相能进一步提高反铁磁的成分，就能增强其对铁磁畴的钉扎作用，进而达到提高交换偏置的目的。我们考虑进一步提高 Mn 的含量，降低 Ni 的含量，将 Mn 的含量提高到 50 at.%，这样，多余的 Mn 原子不但会占据 Sn 的位置，还会占据原来 Ni 的位置，如图 5.4 所示。根据前人报道，不但占据 Sn 位的 Mn 原子与占据 Mn 位的 Mn 原子是反铁磁交换作用，而且占据 Ni 位的 Mn 原子与占据 Mn 位的 Mn 原子也是反铁磁交换作用[25]。这样，就导致这类合金中反铁磁交换作用的增强，也增加了对铁磁畴的钉扎作用，那么就有可能提高合金中马氏体相交换偏置场的大小。

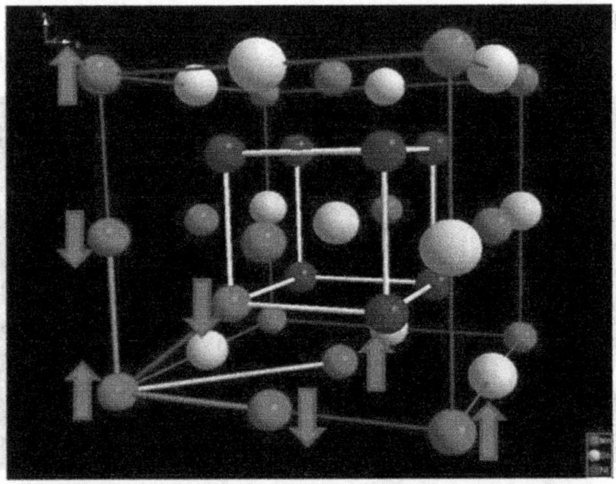

图 5.4 $Mn_{50}Ni_{40-x}Sn_{10+x}$ 合金的结构示意图

5.2.2 样品制备

用前述真空电弧熔炼的方法制备了 $Mn_{50}Ni_{40-x}Sn_{10+x}$（$x=0$，0.5，1）合金。熔炼好的铸锭被切成小块封在抽成真空的石英管中，在 800 ℃下退火 72 小时，然后在冷水中淬火。退火后的样品用 XRD 的方法测量其晶体结构，在室温下 $Mn_{50}Ni_{40-x}Sn_{10+x}$合金均为立方 $L2_1$ 结构。当 $x=0$，0.5 和 1 时，其晶格常数分别为 5.997 Å，6.013 Å 和 6.023 Å。然后用 DSC 测量其热力学行为，用 VSM 和 SQUID 测量其磁学性质。

5.2.3 $Mn_{50}Ni_{40}Sn_{10}$ 合金的热磁曲线

我们在 100 Oe 磁场下升温测量了两条 $Mn_{50}Ni_{40}Sn_{10}$ 合金的热磁曲线（M-T），温度范围是 2～320 K。一条是无磁场时从 320 K 直接冷却到 2 K（ZFC），然后升温测量；另一条是在 10 kOe 磁场下从 320 K 冷却到 2 K（FC），然后升温测量，如图 5.5 所示。在 ZFC 曲线中，合金在低温马氏体相表现出较弱的磁性，随着温度升高到 75 K 左右时，其磁化强度开始缓慢增大，这一温度对应着材料的阻隔温度（T_B）[24，26]。当磁化强度升高到一定温度时又逐渐降低，对应着马氏体相的居里温度 T_C^M。继续升高温度至 195 K，磁化强度突然增大，此时温度诱发了马氏体到奥氏体的逆马氏体相变，继续升温至 280 K 左右时其又快速下降，对应着奥氏体相的居里温度。经过磁场冷却后，合金 FC 的 M-T 曲线在低温马氏体相表现出一定的磁性，这主要是由于马氏体相的铁磁性成分在磁场冷却过程中被取向导致的。随着温度的升高，磁化强度逐渐降低，这一过程对应着马氏体相的居里温度 T_C^M。继续升温，其磁性随温度的变化和 ZFC 是完全一致的。可以看出，ZFC 和 FC 的 M-T 曲线在低温马氏体相具有不同的现象，有很明显的分裂，这也说明在马氏体相铁磁和反铁磁交换作用是共存的[22−23，26−29]。那么，这就有可能在马氏体相观察到交换偏置现象。

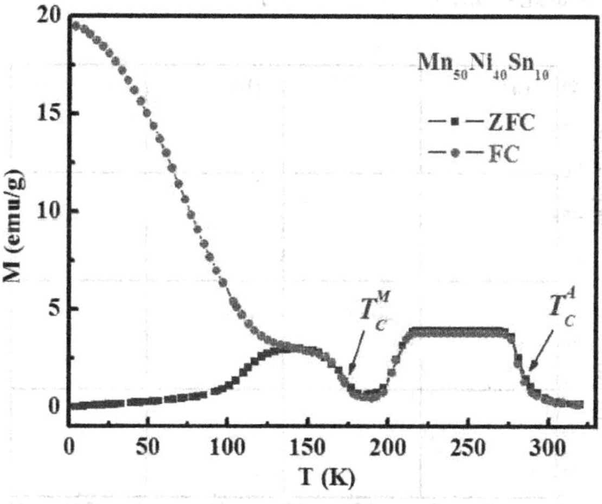

图 5.5 $Mn_{50}Ni_{40}Sn_{10}$合金升温测量的 ZFC 和 FC 热磁曲线

5.2.4 $Mn_{50}Ni_{40-x}Sn_{10+x}$合金的交换偏置效应

我们在低温下测量了这类合金的交换偏置效应。测量的过程是先将样品在 5 kOe 的磁场下从 320 K 冷却到 2 K，然后测量 2 K 时的磁滞回线。测量完后，将材料升温至 320 K，然后加磁场 5 kOe 冷却到下一待测温度，到达温度后测量这一温度下的磁滞回线。测完后按相同的方法依次测量所有待测温度的磁滞回线。图 5.6 是 $Mn_{50}Ni_{40}Sn_{10}$ 合金在几个不同温度下测得的磁滞回线。从 $Mn_{50}Ni_{40}Sn_{10}$ 合金在 2 K 时的回线可以看出，整个回线几乎完全偏移到负磁场这边，表现出较大的交换偏置效应。根据交换偏置场 H_E 的定义 $H_E=-(H_1+H_2)/2$，该材料在 2 K 时的 H_E 达到 910 Oe，远大于其他课题组在 Ni-Mn 基铁磁记忆合金中 H_E 的大小[22-23, 26-28]。随着温度升高，合金的 H_E 逐渐降低。图 5.6 (b) 是 $Mn_{50}Ni_{40}Sn_{10}$ 合金在 35 K 时的回线，相比 2 K，其向负磁场方向的偏移明显变小，该温度下的 H_E 为 352 Oe。当温度升高到 75 K 时，交换偏置现象基本消失，如图 5.6 (c) 所示。该温度就对应着材料的阻隔温度，这时反铁磁畴已起不到对铁磁畴的钉扎作用，在外磁场作用下铁磁/反铁磁界面处的铁磁畴开始转动，故交换偏置现象消失[24, 26]，在 125 K 也是如此，如图 5.6 (d) 所示。

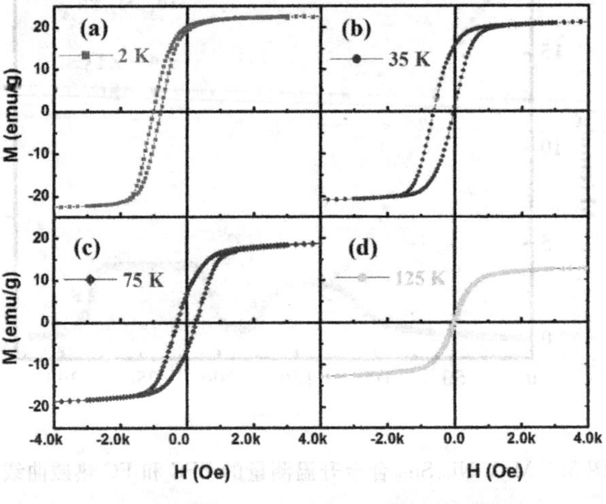

图 5.6 $Mn_{50}Ni_{40}Sn_{10}$ 合金在不同温度下的磁滞回线

正如前面讨论的那样，$Mn_{50}Ni_{40}Sn_{10}$ 合金中部分 Mn 原子不仅会占据 Sn 原子的位置，而且还有部分会占据原来 Ni 原子的位置。占据 Sn

位和占据 Ni 位的 Mn 原子与占据原来 Mn 位的 Mn 原子都是反铁磁耦合，由于马氏体相变，其 Mn-Mn 间距发生相应的变化，使其反铁磁交换作用得到进一步增强[3, 5, 25]。相比 Ni-Mn 基铁磁形状记忆合金中 Ni 的原子比在 50 at. %，$Ni_{50}Mn_{25+x}Sn_{25-x}$，$Mn_{50}Ni_{40}Sn_{10}$ 合金引入了更多的反铁磁交换作用[22, 27]，相应的，反铁磁对铁磁的钉扎作用也明显增强，故该合金在 2 K 时的 H_E 高达 910 Oe。

我们又研究了不同 Ni 和 Sn 比例的 $Mn_{50}Ni_{40-x}Sn_{10+x}$（$x$=0.5，1）合金的交换偏置效应。图 5.7 是 $Mn_{50}Ni_{40-x}Sn_{10+x}$（$x$= 0，0.5，1）合金在 2 K 时的磁滞回线。可以看出，当 x=0.5 和 1 时，这类合金也有较大的交换偏置效应，其 H_E 分别为 845 Oe 和 690 Oe。图 5.7 中的插图是该图磁滞回线的部分放大图。随着 Sn 含量的增高，在 2 K 时 H_E 的值逐渐降低。在 $Mn_{50}Ni_{40-x}Sn_{10+x}$（$x$= 0，0.5，1）合金中 Mn 原子的含量是不变的，随着 Sn 含量的增加，Ni 含量则相对减少，导致原来占据 Sn 位的 Mn 原子就会改占 Ni 位。虽然占据 Ni 位和 Sn 位的 Mn 原子与占据原来 Mn 位的 Mn 原子都是反铁磁交换作用，但是占据 Ni 位和 Sn 位的 Mn 原子具有不同的磁矩，同时随着 Sn 含量的不同，合金中的 Mn-Mn 间距也会相应变化，所以其中的反铁磁交换作用也会发生相应的变化[3-4, 25, 29]。由图 5.7 所示，饱和磁化强度逐渐增大，说明其中的铁磁交换作用逐渐增强，相应的反铁磁交换作用逐渐减弱。由于反铁磁交换作用的减弱，其对铁磁畴的钉扎作用降低，故随 Sn 含量的增加 H_E 的值逐渐降低，这和 $Ni_{50}Mn_{25+x}Sn_{10+x}$ 和 $Ni_{50}Mn_{50-x}Sn_x$ 合金中报道的结果是一致的[22, 27]。

根据测量不同温度下的 $Mn_{50}Ni_{40-x}Sn_{10+x}$（$x$=0，0.5，1）合金的磁滞回线，我们得到了这类合金的 H_E 和矫顽场 H_C 随温度变化的关系曲线，其中 $HC=|H_1+H_2|/2$，如图 5.8 所示。可以看出，这类材料的 H_E 和 H_C 随温度变化的趋势是一致的。H_E 随着温度的升高逐渐降低，在 75 K 左右，基本上都变为 0，这主要是由于随着温度的升高，材料内铁磁和反铁磁界面上的耦合逐渐减弱[22-23]。H_E 减小到零的温度和图 5.7 中的阻隔温度基本是一致的。另一方面，H_C 随温度升高，先升高后降低。随着温度的升高直至阻隔温度，反铁磁的各向异性逐渐降

低，那么铁磁畴在转动的过程中将带动越来越多的反铁磁畴，导致材料的 H_C 逐渐增大到最大值而 H_E 减小消失[22-24]。

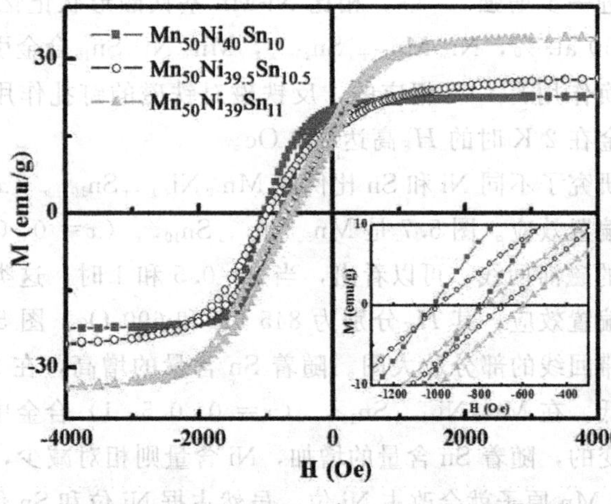

图 5.7 $Mn_{50}Ni_{40-x}Sn_{10+x}$ 合金 2 K 时的磁滞回线

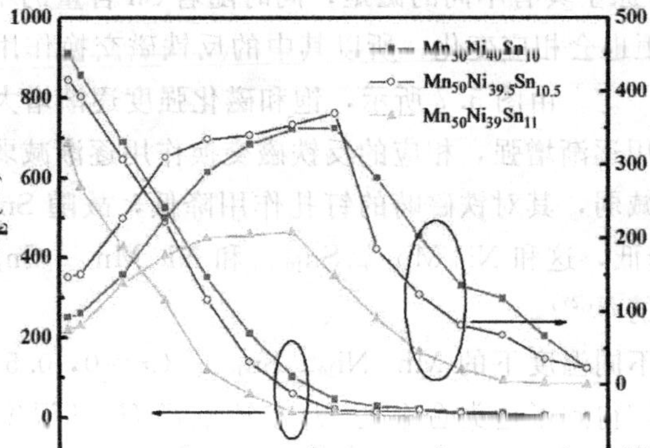

图 5.8 $Mn_{50}Ni_{40-x}Sn_{10+x}$ 合金的 H_E 和 H_C 随温度变化的关系

第三节 $Mn_{47+x}Ni_{43-x}Sn_{10}$合金的马氏体相变、磁热和磁电阻效应研究

在 Ni-Mn 基铁磁形状记忆合金的研究中，大多数的研究都集中在高 Ni 含量的 Ni-Mn-X 合金中，在这类非正分的合金中，Ni 的含量高于 Mn 的含量。在上一节的研究中，我们进一步提高合金中 Mn 的含量，通过调节合金中 Ni 和 Sn 的含量改变 Mn-Ni-X 合金中磁性交换作用的强弱，使其在一定的温度范围内仍具有马氏体相变，最终在这类合金中得到了较大的交换偏置效应。马氏体相变的获得是这类多功能合金能够实际应用的前提条件。在这类合金中 Mn 的含量最高能达到多少，是一个非常值得研究的问题。通过调节合金成分，使 Mn 的含量不但高于 Ni 的含量，而且能达到 50 at. %，甚至高于 50 at. %，我们在这类高 Mn 含量的合金中仍然获得了磁性马氏体相变。磁性马氏体相变的获得也预示着在高 Mn 含量的合金中能够发现大的磁热、磁电阻效应。

5.3.1 样品制备

我们用真空电弧熔炼的方法制备了 $Mn_{47+x}Ni_{43-x}Sn_{10}$（$x=0$，1，2，3，4，5）合金。熔炼好的铸锭被切成小块封在抽成真空的石英管中，在 850 ℃下退火 48 小时，最后在冷水中淬火。退火后的样品用研钵磨成粉末，在室温下用 XRD 的方法测量其晶体结构，然后用 DSC 测量其热力学行为，VSM 测量其磁学性质，PPMS 测量其电输运性质。

5.3.2 $Mn_{47+x}Ni_{43-x}Sn_{10}$合金的马氏体相变

如前所述，Ni-Mn 基铁磁形状记忆合金在磁性马氏体相变附近具有磁化强度和电阻率的剧烈跃变，从而产生大的磁致应变、磁热和磁电阻效应，因此调节其相变温度和扩大工作温区对这类合金的应用有着非常重要的作用。近几年，大家研究得比较多的是这类合金的磁性马氏体相变和相变附近的物理性质。在这类合金中，我们进一步提高合金中

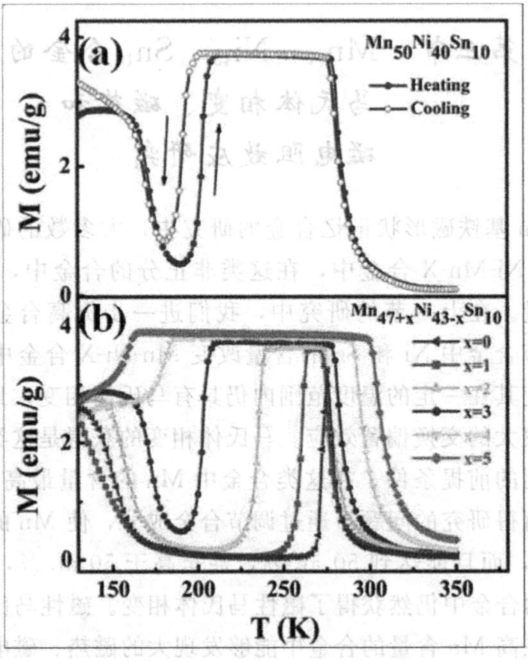

图 5.9 (a) $Mn_{50}Ni_{40}Sn_{10}$合金升温和降温测量的热磁曲线

(b) $Mn_{47+x}Ni_{43-x}Sn_{10}$合金升温测量的热磁曲线

Mn 的含量，使 Mn 的含量大于 Ni 的含量，甚至使其大于 50 at. %，并研究了$Mn_{47+x}Ni_{43-x}Sn_{10}$合金中不同的 Ni 和 Mn 的比例对马氏体相变的影响以及马氏体相变附近的磁熵变和磁电阻效应。

图 5.9 (a) 是$Mn_{50}Ni_{40}Sn_{10}$合金在 100 Oe 下升温和降温的热磁 M-T 曲线。可以看出，在升温过程中，合金在 170 K 以下表现出较弱的磁性。温度上升到接近马氏体相居里温度时，磁化强度逐渐变小。当温度升至 190 K 时，磁化强度突然增大，对应着马氏体到奥氏体的逆马氏体相变，继续升温磁化强度又逐渐下降。降温过程中，在 200 K 附近发生了磁性马氏体相变，并伴随着磁化强度的剧烈下降。在升温和降温过程中，马氏体相变附近有大约 10 K 左右的热滞；而在马氏体居里温度和奥氏体居里温度附近则未发现有明显的热滞现象，表明这两个相变为二级相变。

图 5.9（b）是 $Mn_{47+x}Ni_{43-x}Sn_{10}$（$x=0$，1，2，3，4 和 5）合金的 M-T 曲线，可以看出，随着 Mn 含量的增加，马氏体相变温度逐渐降低，从 $x=0$ 的 262 K 降低到 $x=5$ 的 142 K。同时，这类合金奥氏体的居里温度逐渐升高。根据相关报道，铁磁形状记忆合金的特征温度与价电子浓度，即价电子数与原子数的比例（e/a）有关[30-31]。对于金属 Ni 和 Mn，价电子指的是 $3d$ 和 $4s$ 壳层电子，对于 Sn，指的是 $5s$ 和 $5p$ 电子。根据测量得到的热磁曲线，我们得到了 $Mn_{47+x}Ni_{43-x}Sn_{10}$ 合金的马氏体相变温度、奥氏体居里温度以及马氏体居里温度。图 5.10 为 $Mn_{47+x}Ni_{43-x}Sn_{10}$ 合金的相变温度随成分变化的曲线。Mn 比 Ni 少 3 个价电子，所以随着 Mn 含量的增加，e/a 逐渐降低，材料的马氏体相变温度也相应逐渐降低[10-14]。这进一步说明相变特征温度对价电子浓度非常敏感，其变化规律和前人的报道是一致的[10-14]。另一方面，奥氏体的居里温度 T_C^A 随着 Mn 含量的增加略有升高，当 x 从 0 增加到 5 时，T_C^A 从 280 K 提高到了 306 K。这说明 Mn 的增加增强了奥氏体相的铁磁交换相互作用，从而提高了居里温度。因此，通过 Mn 对 Ni 的替代提高了奥氏体的居里温度，拓宽了马氏体相变的温度范围，使其可以在 262 K 到 142 K 之间调节，这对于这类材料在磁制冷和磁传感器方面的应用具有非常重要的意义。

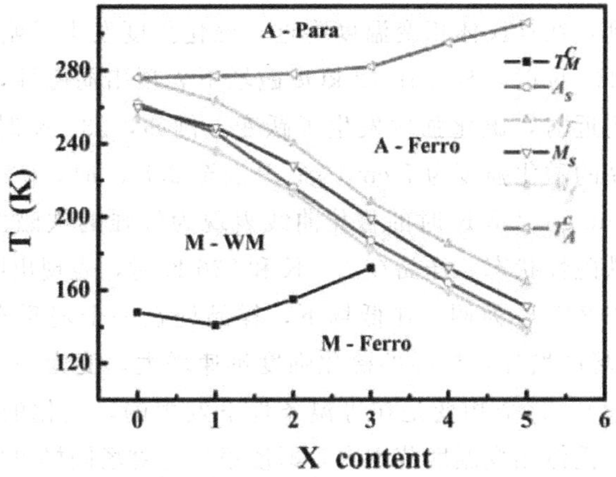

图 5.10 $Mn_{47+x}Ni_{43-x}Sn_{10}$ 合金的相图

5.3.3 $Mn_{47+x}Ni_{43-x}Sn_{10}$ 合金的磁化曲线

在马氏体相变温度附近，我们测量了这类合金的等温磁化曲线。为了精确地反映马氏体相变处磁化强度的变化，等温磁化曲线的温度间隔为 1 K。图 5.11 是 $Mn_{49}Ni_{41}Sn_{10}$ 合金的等温磁化曲线。

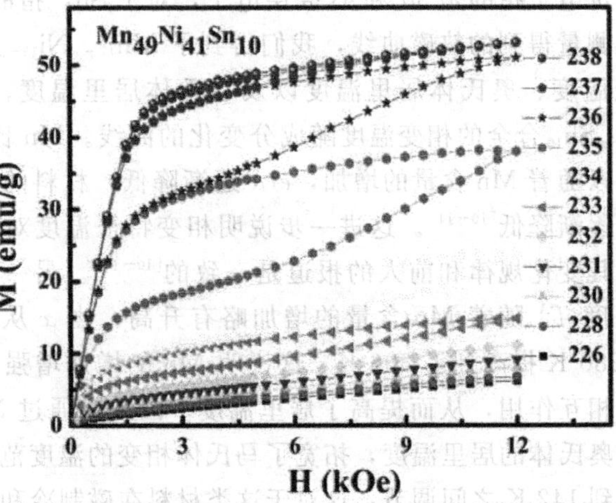

图 5.11 $Mn_{49}Ni_{41}Sn_{10}$ 合金的等温磁化曲线

可以看到，在马氏体相变温度附近，磁化强度发生了剧烈的变化。当温度低于 230 K 时，样品在 12 kOe 磁场下表现出弱磁性，当温度升至相变温度附近时，磁化强度发生了跃变。例如，230 K 时在 12 kOe 磁场下，样品的磁化强度为 7 emu/g；升温至 238 K 时，磁化强度迅速上升到 53 emu/g。238 K 时的磁化曲线表现为较强的铁磁性，对应于奥氏体相的铁磁性状态。样品在 235 K 和 236 K 时，表现出明显的变磁性的特点。以 235 K 为例，在低场下，样品处在一个弱磁态（马氏体相），随着磁场的增加，样品的磁化强度迅速增大，变为一个强的铁磁态（奥氏体相）。整个相变是在等温条件下发生的，变化的只是磁场，说明在接近马氏体相变温度范围内，即使很低的磁场同样可以诱导马氏体到奥氏体的相变。在升场和降场的过程中，有变磁性行为的同时，该材料还有一定的磁滞。

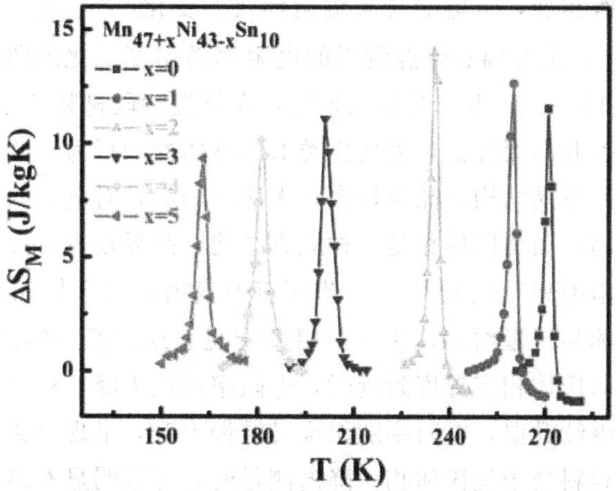

图 5.12 $Mn_{47+x}Ni_{43-x}Sn_{10}$合金的等温磁熵变

5.3.4 $Mn_{47+x}Ni_{43-x}Sn_{10}$合金的等温磁熵变

根据等温磁化曲线测量的数据，利用 Maxwell 关系 $\Delta S_M = \int_0^H \left(\frac{\partial M(H,T)}{\partial T}\right)_H \mathrm{d}H$ 分别计算了各个样品在 12 kOe 外场下的磁熵变值。图 5.12 是 $Mn_{47+x}Ni_{43-x}Sn_{10}$合金磁熵变随温度变化的关系曲线（$\Delta S_M$-$T$）。从图中可以看出，样品的磁熵变值都在马氏体相变附近达到最大值，且为正值，这是一种负磁熵变效应。大的磁熵变峰可以在各自的马氏体相变温度附近看到，并且随着 Mn 含量的增加，熵变峰对应的温度逐渐降低。当 $x=0$，1，2，3，4 和 5 时，得到的最大磁熵变值分别为 11.5，12.6，14.1，11.2，10.2 和 9.4 J/kg K。大的磁熵变值主要是由弱磁性的马氏体到铁磁的奥氏体的结构相变引起的。在马氏体相变附近，磁化强度的剧变伴随着磁场诱导的变磁性行为导致了 $Mn_{47+x}Ni_{43-x}Sn_{10}$合金大的磁熵变效应。

5.3.5 $Mn_{47+x}Ni_{43-x}Sn_{10}$合金的磁电阻效应

$Mn_{47+x}Ni_{43-x}Sn_{10}$合金在随温度升高的过程中经历从低温马氏体相

到高温奥氏体相的相变。马氏体和奥氏体具有完全不同的结构，所以该相变是个一级相变，可能会带来输运性质的变化[7-8]。图 5.13（a）是 $Mn_{49}Ni_{41}Sn_{10}$ 合金升温和降温测得的电阻率随温度变化的曲线（r-T），温度范围是 170～310 K。升温测量时，在低温阶段材料处于马氏体相，电阻率随温度升高而降低，表现出类似半导体性的行为。这主要是由于马氏体是一种孪晶结构，晶界较多，无序度较大，对电子的散射大，因而电阻率较高；而奥氏体相是一种立方结构，晶界较少，因而对电子的散射低，电阻率相对较低[32-33]。当温度升高时，马氏体相的成分逐渐减少，奥氏体相慢慢增多，所以电阻率宏观表现随温度的升高而降低。当温度升至马氏体相变温度附近时，电阻率迅速下降，对应着马氏体相变的过程；继续升温，电阻率随温度又缓慢上升，呈现出典型的金属性行为，这时材料处于奥氏体相。降温测量时，可以明显看出在马氏体相变附近有大约 10 K 的热滞，这也说明该相变是一级相变。

图 5.13（b）是 $Mn_{47+x}Ni_{43-x}Sn_{10}$（$x$= 1，2，3）合金在 0 Oe 和 50 kOe下升温测量得到的 r-T 曲线。可以看出，在 50 kOe 外加磁场下合金的相变温度都明显下降，也就是说在磁场的作用下，马氏体相变提前发生。这种磁场诱导马氏体相变的特点在图 5.13 的磁性测量中也能观察到。由于温度和磁场都可以诱导马氏体相变，高磁场下三个材料的相变温度都明显向低温方向移动[7-8]。在 50 kOe 的磁场下，材料的相变温度都向低温方向移动了大约 10 K，这也导致这类材料中有大的磁电阻效应[7-8]。

图 5.14 是 50 kOe 磁场下 $Mn_{47+x}Ni_{43-x}Sn_{10}$（$x$= 1，2，3）合金的磁电阻随温度变化的关系曲线（MR-T），这里 MR 定义为加磁场后电阻率的变化量与加磁场前的电阻率的比值（$\{[\rho(H)-\rho(0)]/\rho(0)\}\times 100\%$）。如图所示，当 x= 1，2 和 3 时，在各自的马氏体相变温度附近，MR 的峰值分别为−23%，−26%和−21%。大的负磁电阻效应主要来源于磁场诱导的马氏体相变。在这个过程中磁场改变了自旋相关散射和样品中载流子的浓度，导致费米面附近电子能态密度发生改变，相应出现了较大的磁电阻效应[7, 33-34]。

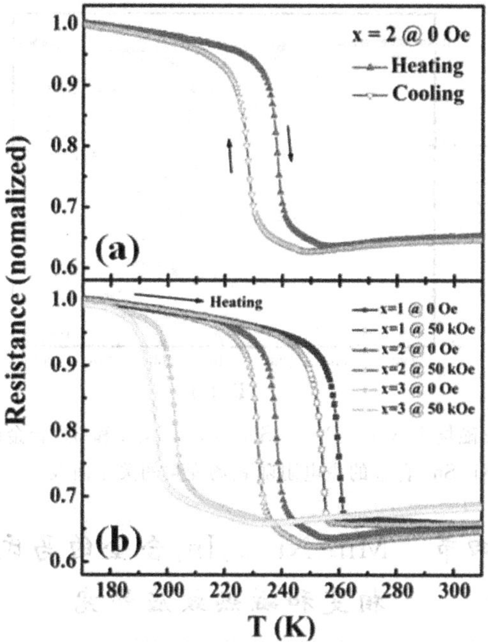

图 5.13 (a) $Mn_{49}Ni_{41}Sn_{10}$合金升温和降温的 ρ-T 曲线
(b) $Mn_{47+x}Ni_{43-x}Sn_{10}$（$x$= 1，2 和 3）在 0 Oe 和 50 kOe 下的 ρ-T 曲线

图 5.14 中的插图是 $Mn_{49}Ni_{41}Sn_{10}$合金在 *MR* 峰值温度 235 K 测得的 *MR* 随磁场变化的曲线。随着外磁场增加，材料的 *MR* 也在增加，当磁场增大到 50 kOe 时，材料的 *MR* 接近 23%。然而，当磁场逐渐减小至 0 Oe 时，*MR* 虽然略有减小，但并不能返回到未加磁场前的状态。这主要是由于磁场可以诱导从马氏体到奥氏体的相变，但是当样品变为奥氏体相以后，磁场的降低并不能使其再从奥氏体转变为马氏体，所以样品仍大部分停留在奥氏体相，*MR* 的大小并不能返回到未加磁场时的状态[21, 32]。这种单程的磁电阻效应对于实际应用有非常大的局限性，如何改进也是一个值得进一步深入研究的问题。

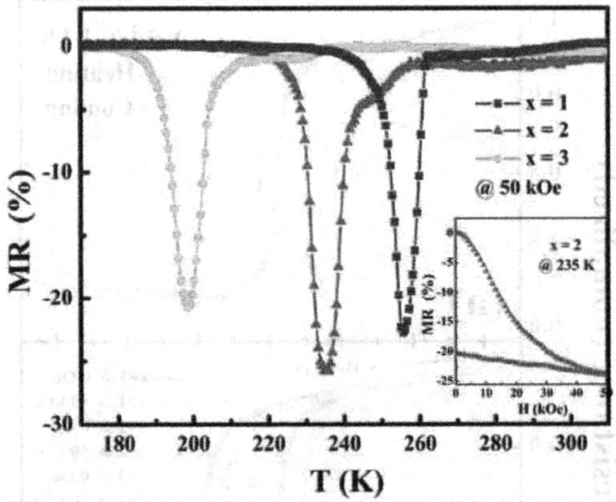

图 5.14 50 kOe 磁场下 $Mn_{47+x}Ni_{43-x}Sn_{10}$（$x$= 1，2 和 3）合金的 *MR*-*T* 曲线

插图：$Mn_{49}Ni_{41}Sn_{10}$ 合金的磁电阻随磁场变化的关系曲线

第四节　$Mn_{50}Ni_{50-x}In_x$ 合金的马氏体相变和磁热效应研究

与上一节研究的 $Mn_{47+x}Ni_{43-x}Sn_{10}$ 合金类似，本节我们研究高锰含量的 $Mn_{50}Ni_{50-x}In_x$ 合金的马氏体相变和磁热效应。在非正分 Ni-Mn-In 合金的基础上，进一步提高合金中 Mn 的含量，使 Mn 的含量不但大于 Ni 的含量，而且达到总原子比例的 50 at.%。也就是在 Mn_2NiIn 的基础上调节 Ni 和 In 的比例，使其在一定的温度范围内仍然能够发生马氏体相变。如果马氏体相变过程中伴随着剧烈的磁化强度变化，那么在这里高 Mn 含量的合金中也能发现大的磁热、磁电阻等效应。

5.4.1 样品的制备和表征

我们用真空电弧熔炼的方法制备了 $Mn_{50}Ni_{50-x}In_x$（x= 9.75，10，10.25，10.5，10.75，11）合金。原料采用高纯的镍、锰和铟金属。我们把熔炼好的铸锭在 850 ℃下退火 48 小时，然后在冷水中淬火。退火后的样品用研钵磨成粉末，在室温下用 XRD 的方法测量其晶体结构。然后用 VSM 测量其磁学性质，用 PPMS 测量其电输运性质。

图 5.15 是 $Mn_{50}Ni_{50-x}In_x$（x= 9.75，10，10.25，10.5，10.75，11）合金的 XRD 图谱。可以看出，所有的样品在室温下都是 $L2_1$ 结构。随着 x 数值的增加，材料的衍射峰逐渐向小角度方向移动，表明材料的晶格常数随着 In 含量的增加逐渐变大。另外，在 In 含量比较低的几个成分中，出现了一个小的杂相峰，在图中用星号标出。

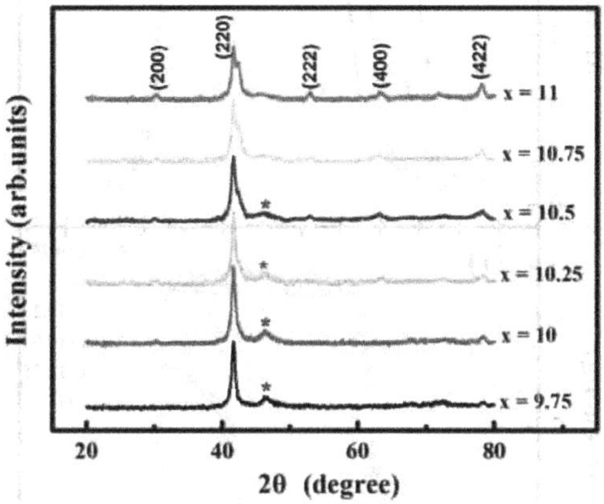

图 5.15 $Mn_{50}Ni_{50-x}In_x$合金的 XRD 图谱

5.4.2 $Mn_{50}Ni_{50-x}In_x$合金的马氏体相变

我们在 100 Oe 磁场下升温和降温测量了 $Mn_{50}Ni_{39.5}In_{10.5}$合金的热磁 M-T 曲线，温度范围为 100～370 K，如图 5.16（a）所示。可以看出，合金在低温阶段表现出较弱的磁性，随着温度升高，磁化强度突然迅速增大，对应着马氏体相到奥氏体相的结构相变。继续升高温度，材料进入奥氏体相，直到奥氏体相的居里温度，材料又从铁磁性转变为顺磁性。升温和降温过程中在马氏体相变附近有大约 10 K 的热滞，说明该相变为一级相变。

图 5.16（b）是 $Mn_{50}Ni_{50-x}In_x$（x= 9.75，10，10.25，10.5，10.75，11）合金在 100 Oe 下升温测得的 M-T 曲线。随着 In 含量的增加，马氏体相变温度逐渐降低，从 x= 9.75 的 270 K 降低到 x= 11 的 110 K。根据测得的 M-T 曲线，我们将 $Mn_{50}Ni_{50-x}In_x$合金马氏体相变的特征温度、奥氏体居里

温度以及价电子浓度 e/a 等参数列在了表 5.1。通过表 5.1，可以清楚地看出不同的 Ni 和 In 的比例对 $Mn_{50}Ni_{50-x}In_x$ 合金马氏体相变温度的影响。

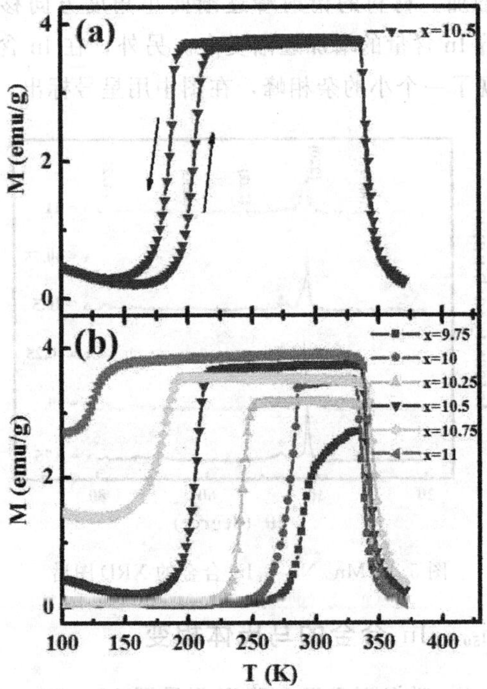

图 5.16 (a) $Mn_{50}Ni_{39.5}In_{10.5}$ 合金升温和降温测量的热磁曲线

(b) $Mn_{50}Ni_{50-x}In_x$ 合金升温测量的热磁曲线

表 5.1 $Mn_{50}Ni_{50-x}In_x$ 合金的特征温度和价电子浓度之间的关系

x	A_s (K)	A_f (K)	T_C^A (K)	ΔS_M (J/kg K)	RC (J/kg)	e/a
9.75	270	300	337	2.3	27	7.8175
10	255	286	337	8.1	42	7.80
10.25	220	250	339	7.7	54	7.7825
10.5	188	215	340	7.2	61	7.765
10.75	150	189	342	5.6	45	7.7475
11	110	136	340	4.1	50	7.73

5.4.3 $Mn_{50}Ni_{50-x}In_x$合金的磁化曲线

图 5.17 是 $Mn_{50}Ni_{39.5}In_{10.5}$合金马氏体相变温度附近的等温磁化曲线。测量中，每条磁化曲线的温度间隔为 1 K。当温度低于 200 K 时，样品在 12 kOe 磁场下表现出弱磁性，随着温度升高，材料的磁性逐渐增强，这和图 5.16（a）中材料的 *M-T* 曲线是一致的。材料的磁化强度从 200 K 的 20.2 emu/g 迅速增加到 210 K 的 67.5 emu/g。随着温度升高，在整个马氏体相变温度区间内，没有发现明显的磁场诱导的变磁性行为。这可能是由于测量过程中使用的磁场 12 kOe 偏小，还不足以驱动合金从马氏体相转变为奥氏体相。相对于 $Ni_{50}Mn_{50-x}In_x$合金，$Mn_{50}Ni_{50-x}In_x$合金中 Mn 的含量进一步增加，而且大于 Ni 的含量达到 50 at. %，这时多余的 Mn 原子不但会占据 In 原子的位置，还有部分会占据原来 Ni 原子的位置。占据 In 位和 Ni 位的 Mn 原子与原来 Mn 位的 Mn 原子都是反铁磁相互作用，故 $Mn_{50}Ni_{50-x}In_x$合金中引入了更多的反铁磁成分，经过马氏体相变，晶格结构发生畸变，反铁磁交换作用得到增强[3, 5, 25]。因此，在相变温度附近驱动马氏体相变需要更高的磁场。

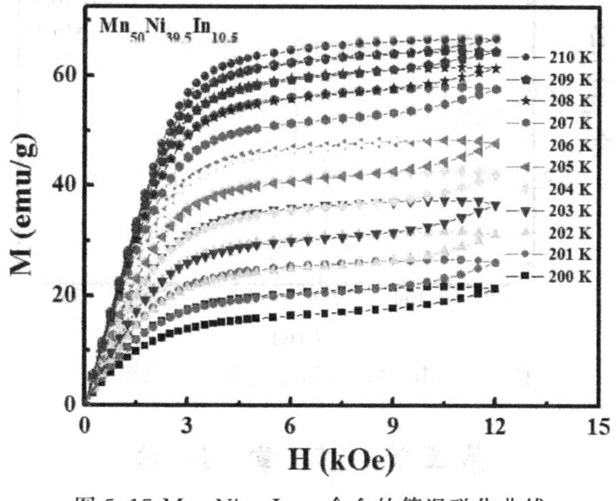

图 5.17 $Mn_{50}Ni_{39.5}In_{10.5}$合金的等温磁化曲线

5.4.4 $Mn_{50}Ni_{50-x}In_x$ 合金的等温磁熵变

根据等温磁化曲线测量的数据，我们利用 Maxwell 关系分别计算了各个样品在 12 kOe 磁场下的磁熵变值。图 5.18 是 $Mn_{50}Ni_{50-x}In_x$ 合金磁熵变随温度变化的关系曲线（ΔS_M-T）。从图中可以看出，样品的磁熵变值在各自的马氏体相变温度附近达到最大值。随着 In 含量的增加，磁熵变的峰值温度逐渐向低温方向移动。当 $x=0$，1，2，3，4 和 5 时，计算得到的最大熵变值分别为 9.75，10，10.25，10.5，10.75，和 11 J/kg K。大的磁熵变值主要是由马氏体到奥氏体的相变过程中磁化强度的剧烈变化引起的。我们还计算了这类材料在相变附近制冷能力 (Refrigerant Capacity，*RC*) 的大小[35-37]。*RC* 的大小是衡量磁制冷材料性能好坏的一个重要指标，它是通过图 5.18 中ΔS_M-T 曲线的半高宽积分得到的。当 $x=10.25$ 时，*RC* 的最大值达到 54 J/kg，这和 $Ni_{50}Mn_{34}In_{16}$ 在相同磁场下的数值相仿[38]，也是一种优秀的磁制冷材料，其他合金成分的 *RC* 值都列于表 5.1。

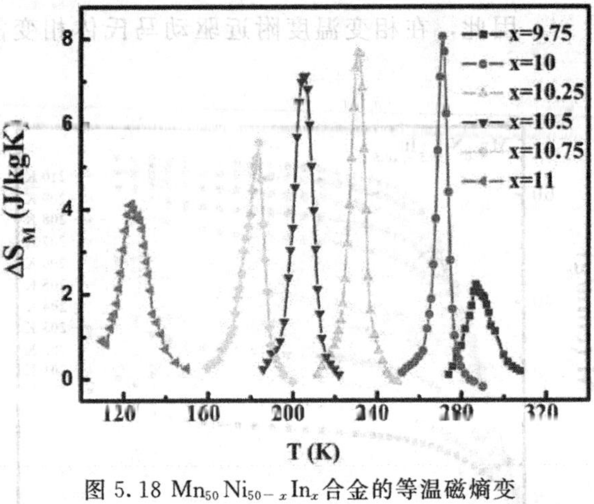

图 5.18 $Mn_{50}Ni_{50-x}In_x$ 合金的等温磁熵变

第五节　本 章 小 结

在本章中，与之前报道得比较多的非正分的 Ni-Mn 基铁磁形状记忆合金相比，我们进一步提高了 Mn 在这类合金中的含量，Mn 的含量不仅大于 Ni 的含量，甚至达到或高于 50 at. %。我们研究了这类合金中的交换偏置、磁熵变和磁电阻效应。主要包括以下几个方面的内容：

第一，研究了 $Mn_{50}Ni_{40-x}Sn_{10+x}$ 合金中的交换偏置效应。在 $Mn_{50}Ni_{40-x}Sn_{10+x}$ 合金中多余的 Mn 原子不仅会占据 Sn 原子的位置，而且会占据原来 Ni 原子的位置。占据 Sn 位和占据 Ni 位的 Mn 原子与原来 Mn 位的 Mn 原子都是反铁磁交换作用，经过马氏体相变，其 Mn-Mn 间距发生相应的变化，反铁磁交换作用又得到增强。相比之前报道的 Ni-Mn 基铁磁形状记忆合金 $Ni_{50}Mn_{25+x}Sn_{25-x}$，$Mn_{50}Ni_{40-x}Sn_{10+x}$ 合金引入了更多的反铁磁成分，相应的反铁磁对铁磁的钉扎作用也明显增强。在 2 K 时，$Mn_{50}Ni_{40}Sn_{10}$ 合金的 H_E 高达 910 Oe，远远大于在 $Ni_{50}Mn_{34}Sn_{16}$ 中报道的数值。

第二，研究了高锰含量的 $Mn_{47+x}Ni_{43-x}Sn_{10}$ 合金的磁性马氏体相变、磁熵变和磁电阻效应。在这类合金中，Mn 的含量不仅大于 Ni 的含量，甚至有的成分高于 50 at. %。随着 Ni 含量的增高，材料的马氏体相变温度向低温方向移动，同时奥氏体的居里温度略有升高。在 12 kOe的低磁场下，$Mn_{49}Ni_{41}Sn_{10}$ 合金的磁熵变值达到 14.1 J/kg K；另外，在 50 kOe 的磁场下，该合金马氏体相变附近磁电阻的峰值达到 −26%。这类合金大的磁熵变和磁电阻效应主要是由马氏体相变过程中大的磁化强度的变化以及磁场诱导的马氏体相变导致的。

第三，研究了 $Mn_{50}Ni_{50-x}In_x$ 合金中的磁性马氏体相变、磁熵变和磁电阻效应。材料的马氏体相变温度随着 In 含量的增加逐渐降低。由于该相变是一级相变，相变前后的结构不同，并且伴随着磁化强度的剧变，所以在相变附近得到了大的低场磁熵变。

参考文献

[1] 徐祖耀．形状记忆材料．上海交通大学出版社，(2000) 1—14.

[2] Y. Sutou, Y. Imano, N. Koeda, T. Omori, R. Kainuma, K. Ishida, and K. Oikawa. Appl. Phys. Lett. 85 (2004) 4358.

[3] T. Krenke, M. Acet, E. F. Wassermann, X. Moya, L. Manosa, and A. Planes. Phys. Rev. B 72 (2005) 014412.

[4] P. J. Brown, A. PGandy, K. Ishida, R. Kainuma, T. Kanomata, K. U Neumann, K. Oikawa, B. Ouladdiaf, and K. R. A. Ziebeck. J. Phys.: Condens. Matter. 18 (2006) 2249.

[5] T. Krenke, E. Duman, M. Acet, E. F. Wassermann, X. Moya, L. Manosa, and A. Planes. Nat. Mater. 4 (2005) 450.

[6] Z. D. Han, D. H. Wang, C. L. Zhang, S. L. Tang, B. X. Gu, and Y. W. Du. Appl. Phys. Lett. 89 (2006) 182507.

[7] S. Y. Yu, Z. H. Liu, G. D. Liu, J. L. Chen, Z. X. Cao, G. H. Wu, B. Zhang, and X. X. Zhang. Appl. Phys. Lett. 89 (2006) 162503.

[8] K. Koyama, H. Okada, K. Watanabe, T. Kanomata, R. Kainuma, W. Ito, K. Oikawa, and K. Ishida. Appl. Phys. Lett. 89 (2006) 182510.

[9] R. Kainuma, Y. Imano, W. Ito, Y. Sutou, H. Morito, S. Okamoto, O. Kitakami, K. Oikawa, A. Fujita, T. Kanomota, and K. Ishida. Nature (London) . 439 (2006) 957.

[10] Z. D. Han, D. H. Wang, C. L. Zhang, H. C. Xuan, B. X. Gu, and Y. W. Du. Appl. Phys. Lett. 90 (2007) 042507.

[11] D. H. Wang, C. L. Zhang, H. C. Xuan, Z. D. Han, J. R. Zhang, S. L. Tang, B. X. Gu, and Y. W. Du. J. Appl. Phys. 102 (2007) 013909.

[12] H. S. Liu, C. L. Zhang, Z. D. Han, H. C. Xuan, D. H.

Wang, and Y. W. Du. J. Alloys. Compd. 467 (2009) 27.

[13] C. L. Zhang, W. Q. Zou, H. C. Xuan, Z. D. Han, D. H. Wang, B. X. Gu, and Y. W. Du. J. Phys. D.: Appl. Phys. 40 (2007) 7287.

[14] D. H. Wang, C. L. Zhang, Z. D. Han, H. C. Xuan, B. X. Gu, and Y. W. Du. J. Appl. Phys. 103 (2008) 033901.

[15] Z. D. Han, D. H. Wang, C. L. Zhang, H. C. Xuan, J. R. Zhang, B. X. Gu, and Y. W. Du. Mater. Sci. Eng. B 157 (2009) 40.

[16] H. C. Xuan, D. H. Wang, C. L. Zhang, Z. D. Han, B. X. Gu, and Y. W. Du. Appl. Phys. Lett. 92 (2008) 102503.

[17] F. X. Hu, J. Wang, L. Chen, J. L. Zhao, J. R. Sun, and B. G. Shen. Appl. Phys. Lett. 95 (2009) 112503.

[18] H. C. Xuan, K. X. Xie, D. H. Wang, Z. D. Han, C. L. Zhang, B. X. Gu, and Y. W. Du. Appl. Phys. Lett. 92 (2008) 242506.

[19] B. Hernando, J. L. Sánchez Llamazares, J. D. Santos, Ll. Escoda, J. J. Sunol, R. Varga, D. Baldomir, and D. Serantes. Appl. Phys. Lett. 92 (2008) 042504.

[20] B. Hernando, J. L. Sánchez Llamazares, J. D. Santos, V. M. Prida, D. Baldomir, D. Serantes, R. Varga, and J. González. Appl. Phys. Lett. 92 (2008) 132507.

[21] H. C. Xuan, Y. Deng, D. H. Wang, C. L. Zhang, Z. D. Han, and Y. W. Du. J. Phys. D.: Appl. Phys. 41 (2008) 215002.

[22] M. Khan, I. Dubenko, S. Stadler, and N. Ali. Appl. Phys. Lett. 91 (2007) 072510.

[23] Z. Li, C. Jing, J. P. Chen, S. J. Yuan, S. X. Cao, and J. C. Zhang. Appl. Phys. Lett. 91 (2007) 112505.

[24] J. Nogués, and I. K. Schuller. J. Magn. Magn. Mater. 192 (1999) 203.

[25] R. B. Helmholdt, and K. H. J. Buschow. J. Less-Common

Met. 128 (1987) 167.

[26] B. M. Wang, Y. Liu, L. Wang, S. L. Huang, Y. Zhao, and H. Zhang. J. Appl. Phys. 104 (2008) 043916.

[27] M. Khan, I. Dubenko, S. Stadler, and N. Ali. J. Appl. Phys. 102 (2007) 113914.

[28] C. Jing, J. P. Chen, Z. Li, Y. F. Qiao, B. J. Kang, S. X. Cao, and J. C. Zhang. J. Alloy Compd. 475 (2009) 1.

[29] C. V. Stager, and C. C. M. Campbell. Can. J. Phys. 56 (1978) 674.

[30] J. Marcos, L. Manosa, A. Planes, F. Casanova, X. Batlle, and A. Labarta. Phys. Rev. B 68 (2003) 094401.

[31] M. Pasquale, C. P. Sasso, L. H. Lewis, L. Giudici, T. Lograsso, and D. Schlagel. Phys. Rev. B 72 (2005) 094435.

[32] V. K. Sharma, M. K. Chattopadhyay, K. H. B. Shaeb, A. Chouhan, and S. B. Roy. Appl. Phys. Lett. 89 (2006) 222509.

[33] S. Y. Yu, Z. X. Cao, L. Ma, G. D. Liu, J. L. Chen, G. H. Wu, B. Zhang, and X. X Zhang. Appl. Phys. Lett. 91 (2007) 102507.

[34] Y. Q. Zhang, Z. D. Zhang, and J. Aarts. Phys. Rev. B 70 (2004) 132407.

[35] K. A. Gschneidner Jr., V. K. Pecharsky, A. O. Pecharsky, and C. B. Zimm. Mater. Sci. Forum 315 (1999) 69.

[36] K. A. Gschneidner Jr., V. K. Pecharsky, and A. O. Tsokol. Rep. Prog. Phys. 681479 (2005)

[37] B. Hernando, J. L. Sánchez Lamazares, V. M. Prida, D. Baldomir, D. Serantes, M. Ilyn, and J. González. Appl. Phys. Lett. 94 (2009) 222502.

[38] A. K. Pathak, M. Khan, I. Dubenko, S. Stadler, and N. Ali. Appl. Phys. Lett. 90 (2007) 262504.

第六章　元素掺杂对高 Mn 含量 Mn-Ni-Sn 合金马氏体相变和磁热效应的影响

第一节　引　言

铁磁形状记忆合金是最近十几年发展起来的一类新型形状记忆材料，是同时具有铁磁性和热弹性马氏体相变特征的金属间化合物。对于这类磁性合金体系，由于两种相的结构一般具有不同的磁性状态，发生结构相变会强制体系的磁性发生转变，因而马氏体相变还同时耦合着磁相变发生。此外，还伴随着若干非磁性参数的反常变化：(1) 晶格参数或晶胞体积发生跃变；(2) 相变温度附近出现比热峰；(3) 磁性状态的改变引起晶格的弹性形变；(4) 磁有序度的变化导致磁熵值的变化；(5) 技术磁化导致磁畴结构的改变引起电阻率的反常变化。所以，人们在铁磁形状记忆合金的磁性马氏体相变附近还发现了磁热、磁电阻和磁致应变等丰富的物理效应。这些特殊的物理现象为探讨磁性马氏体相变的机理及潜在的应用价值提供了丰富的研究内容。

Ni-Mn-Ga 作为铁磁形状记忆合金的典型材料，国内和国际上许多研究组对其磁结构相变及相关物理性质进行了大量的研究。由于金属 Ga 价格相对昂贵，人们也在探索着不含 Ga 的铁磁形状记忆合金。这一工作在 2004 年获得突破性进展，日本东北大学的 Sutou 等人在非正分的 Ni-Mn-X (X＝In，Sn，Sb) 合金中获得了磁性马氏体相变[1]。在温度诱导下，这类合金经历了从铁磁奥氏体到弱磁马氏体的马氏体相变，因而相变前后两相饱和磁化强度的变化 (ΔM) 非常大[2-5]。2005 年，德国杜伊斯堡一埃森大学的 Krenke 等人报道了 $Ni_{50}Mn_{50-x}Sn_x$ 合金在磁性马氏体相变附近 5 T 磁场下具有 4.1 J/kg K 的大磁熵变[2]。2006年，日本东京大学 Kainuma 等人发现了 $Ni_{45}Co_5Mn_{36.7}In_{13.3}$ 合金在室温附近磁场驱动马氏体相变导致的巨磁致应变效应和几乎完全的形状恢复效应，这一标志性的进展发表在《Nature》杂志上[3]。磁场驱动马氏体相变的出现使得国际上掀起了对新型铁磁形状记忆合金 Ni-Mn-X 研究的热潮。日本、德国、美国、西班牙、俄罗斯、澳大利亚、新加坡、印度等国的多个科研小组在该领域都做出了一些重要的工作。

在国内，2007 年，中科院物理所的于淑云博士和吴光恒研究员等人在不易观察到磁场驱动相变的 Ni-Mn-Sb 合金中用金属 Co 掺杂，发现了 Ni-Co-Mn-Sb 合金中磁场驱动的马氏体相变及其相变附近大的磁电阻效应[6]。2010 年，中科院物理所的胡凤霞研究员等人研究发现在 Ni-Mn-In 合金中引入小原子半径 H 元素后，其磁性马氏体相变温度向低温方向移动，并在相变附近发现了大的磁熵变[7]。同时，中科院物理所、中科院金属所、南京大学、哈尔滨工业大学、北京科技大学等多家科研单位也都先后开展了 Ni-Mn-X 铁磁形状记忆合金的研究工作，并且取得了一系列很有价值的研究成果。在理论计算方面，国内外的一些课题组利用第一性原理计算的方法研究了调节元素比例或者元素掺杂对这类合金的磁性状态及马氏体相变的影响[8-10]。大量的研究结果表明，Ni-Mn-X 合金的磁性马氏体相变温度与价电子浓度 e/a 密切相关，可以通过调节合金成分来调节价电子浓度，在包括室温在内的较宽温区内获得剧烈的磁性马氏体相变[2,4,11]。此外，使用小原子半径元素进行间隙位掺杂或者采用不同的制备和热处理条件，同样能起到调节磁性马氏体相变的作用[12-13]。

在这类合金中，正分的 Ni_2MnX 合金是没有磁性马氏体相变的，其结构可以看成由四个面心次晶格沿对角线方向相互穿插构成，四个次晶格的构成原子分别为 Ni，Mn，Ni，X；在对角线上对应的坐标分别是（0，0，0），（1/4，1/4，1/4），（1/2，1/2，1/2），（3/4，3/4，3/4）[14]。在非正分的 Ni-Mn-X 合金中，多余的 Mn 原子会占据 X 的位置，占据 X 位置的 Mn 原子与原先占据 Mn 位的 Mn 原子是反铁磁交换作用[8-9]。经过马氏体相变以后，晶格结构发生扭曲，原子间距发生变化，使得马氏体相的反铁磁交换作用增强，这样就形成了铁磁和反铁磁共存的马氏体相。因此，有研究者在低温马氏体相就发现了这类合金的交换偏置效应[15]。目前，对于 Ni-Mn-X（X＝Al，In，Sn，Sb）铁磁形状记忆合金的研究大都集中在 Ni 的含量为 50 at. %，或者 Ni 的含量大于 Mn 的含量的合金中。如果我们进一步提高合金中 Mn 的含量，使 Mn 的含量大于 Ni 的含量，达到 50 at. %，甚至更高，那么 Mn 原子不但会占据 X 的位置，还会占据 Ni 的位置，并且占据 Ni 位的 Mn 原子与原先占据 Mn 位的 Mn 原子也是反铁磁交换作用[16]，因而会引入更多的 Mn-Mn 原子间的反铁磁交换作用，将对材料的磁学性质产生显著的影响。

正分的 Mn_2NiX（X＝In，Sn，Sb）Heusler 合金没有磁性马氏体相变。在高 Mn 含量的 Mn_2NiIn 和 Mn_2NiSn 合金中，近邻的 Mn-Mn 原子之间具有强烈的反铁磁交换作用，这也使得它们成为一种亚铁磁体[17-18]。当 X 从主族元素 In，Sn 逐渐变为 Sb 时，Mn_2NiX 中价电子浓度增大的同时晶格常数变小，使得近邻的 Mn-Mn 原子间的反铁磁交换作用逐渐减弱，最终在 Mn_2NiSb 中变为铁磁性交换作用[17-18]。在这类合金体系中，实验和理论计算的结果表明合金的磁性状态主要取决于晶格中近邻 Mn-Mn 原子间的磁性交换作用[19-20]。由此可见，该类材料的磁性能对合金中 Mn-Mn 原子间距非常敏感。我们可以通过改变合金中的 Mn-Mn 原子间距，进一步调控磁性马氏体相变前后两相的磁性状态，以获得大的 ΔM 和低磁场驱动的马氏体相变，从而进一步优化它们在相变点附近的相关物理效应。

在上一章中，我们通过调节合金的成分在高 Mn 含量的 Mn-Ni-In 和 Mn-Ni-Sn 合金中实现了磁性马氏体相变。在 Mn-Ni-Sn 合金的低温马氏体相发现了明显增强的交换偏置效应。同时在 Mn-Ni-Sn 和 Mn-Ni-In 合金的磁性马氏体相变附近发现了大的磁热和磁电阻效应。磁性马氏体相变附近的相关物理性质与相变前后两相磁性状态紧密相关，我们可以通过元素掺杂进一步调节磁性马氏体相变前后两相的磁性状态，以获得大的 ΔM 和低磁场驱动的马氏体相变，从而进一步优化它们在相变点附近的相关物理效应。

第二节 Mn-Ni-Sn-Ge 合金的马氏体相变和磁热效应

在研究较多的 Ni-Mn-Sn 合金中，人们主要研究了不同的元素掺杂对材料磁性马氏体相变的影响及相变附近的相关物理性质。在前面的章节，我们研究了用同主族元素 Sb 替代 Sn 对 Ni-Mn-Sn 合金磁性马氏体相变和磁熵变的影响。然而，对于高 Mn 含量的 Mn-Ni-Sn 合金，元素掺杂方面相关的研究仍然较少。在本节中，我们主要研究同主族元素 Ge 替代 Sn 对 Mn-Ni-Sn 合金磁性马氏体相变及磁热效应的影响。

6.2.1 样品的制备和表征

通过电弧熔炼的方法将配比好的 $Mn_2Ni_{1.6}Sn_{0.4-x}Ge_x$（$x=0.02$，0.04，0.06，0.08，0.10）合金熔炼 3 次以确保其成分均匀，然后封在石英管中在 800 ℃退火 72 小时，最后在冷水中快淬。制备好的样品用 XRD 确认其晶体结构，用 DSC 测量其热力学行为，用 EDS 分析样品的成分，用 VSM（VersaLab，Quantum Design）测量其磁学性质。$Mn_2Ni_{1.6}Sn_{0.4-x}Ge_x$ 系列合金的成分和晶格常数列于表 6.1。

6.2.2 $Mn_2Ni_{1.6}Sn_{0.4-x}Ge_x$ 合金的热磁曲线

我们在不同的磁场下测量了 $Mn_2Ni_{1.6}Sn_{0.38}Ge_{0.02}$ 合金的热磁曲线，温度范围为 100～320 K。图 6.1 是 $Mn_2Ni_{1.6}Sn_{0.38}Ge_{0.02}$ 合金在 1，10，20，30 kOe 磁场下的热磁曲线，测量分为升温和降温两个阶段。以 1 kOe磁场下的热磁曲线为例，210 K 以下，合金处于马氏体状态，此时样品表现出弱磁性。随着温度升高，磁化强度逐渐减弱。当温度升至 220 K 时，磁化强度突然增强，此时温度诱发了从弱磁态的马氏体到铁磁态的奥氏体的转变。当温度到达 230 K 以后，材料的磁化强度趋于稳定，表明此时磁结构相变已经基本完成。降温过程中，在 220 K 时发生了奥氏体到马氏体的转变，并且升温和降温过程中伴随着热滞现象，说明磁性马氏体相变是一级相变[21-24]。另外，在奥氏体相的居里温度附近没有发现明显的热滞，说明这个相变是二级相变。随着磁场升高，在10，20，30 kOe下材料的热磁曲线与1 kOe下具有类似的形状，但是其相变温度明显向低温方向移动。可以看出，当磁场从1 kOe升高到30 kOe时，样品的磁性马氏体相变温度降低了7 K，说明磁场在一定程度上能够诱导材料发生马氏体相变[3]。

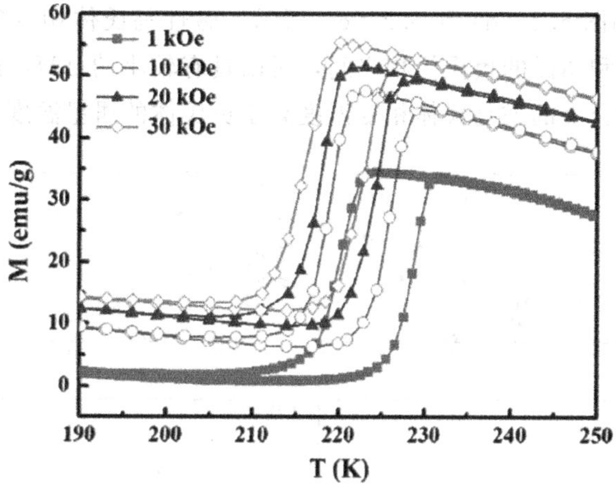

图 6.1 $Mn_2Ni_{1.6}Sn_{0.38}Ge_{0.02}$合金在不同磁场下的热磁曲线

表 6.1 $Mn_2Ni_{1.6}Sn_{0.4-x}Ge_x$系列合金的成分和晶格常数

x	Mn	Ni	Sn	Ge	a（Å）
0.02	1.990	1.605	0.384	0.021	5.987（5）
0.04	1.992	1.604	0.361	0.043	5.982（4）
0.06	2.002	1.593	0.343	0.062	5.977（8）
0.08	1.989	1.607	0.325	0.079	5.971（4）
0.10	1.997	1.595	0.304	0.104	5.967（5）

图6.2是$Mn_2Ni_{1.6}Sn_{0.4-x}Ge_x$（$x$=0.02，0.04，0.06，0.08，0.10）合金在1 kOe下升温测量得到的热磁曲线。可以看出，$Mn_2Ni_{1.6}Sn_{0.4-x}Ge_x$

系列合金中，从 $x=0.02$ 到 $x=0.06$，如图 6.2（a），6.2（b）和 6.2（c）所示，随着 Ge 含量的增加，其逆马氏体相变温度从 220 K 提高到 270 K，然而其奥氏体相的居里温度却逐渐降低。尽管这类合金都经历磁性马氏体相变，但每个合金相变前后磁化强度的变化（ΔM）都不相同。当 $x=0.02$，0.04 和 0.06 时，材料的奥氏体是强的铁磁性而马氏体相处于弱磁态，所以相变前后具有较大的 ΔM。然而，当 $x=0.08$ 和 0.10 时，如图 6.2（d）和 6.2（e）所示，磁性马氏体相变发生在弱磁的马氏体相和弱磁的奥氏体相之间，所以具有较小的 ΔM，这主要是由于这两成分合金的逆马氏体相变温度高于奥氏体的居里温度。

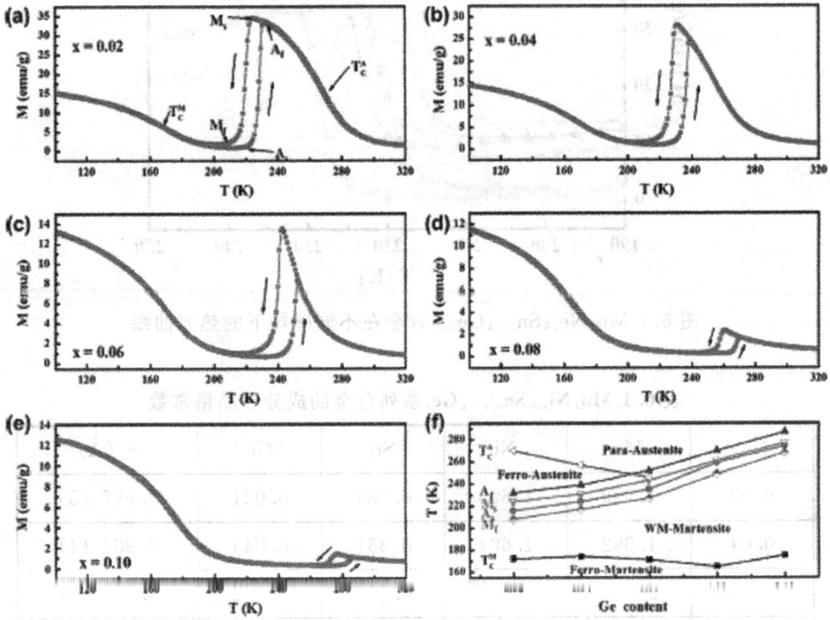

图 6.2 $Mn_2Ni_{1.6}Sn_{0.4-x}Ge_x$ 合金在 1 kOe 下的热磁曲线（a）$x=0.02$；（b）$x=0.04$；（c）$x=0.06$；（d）$x=0.08$；（e）$x=0.10$；（f）$Mn_2Ni_{1.6}Sn_{0.4-x}Ge_x$ 合金的相图

$Mn_2Ni_{1.6}Sn_{0.4-x}Ge_x$ 系列合金的特征相变温度如图 6.2（f）所示。从图中可以看出，从低温到高温整个相图可以分为以下几个部分：铁磁马氏体，顺磁马氏体，铁磁奥氏体，顺磁奥氏体。据报道，Ni-Mn 基铁磁形状记忆合金的磁性马氏体相变温度与价电子浓度，即价电子数与原子数的比例（e/a）有关[25, 26]。这类合金的磁性马氏体相变温度一般随着 e/a 增大逐渐升高，随着 e/a 减小逐渐降低。在 $Mn_2Ni_{1.6}Sn_{0.4-x}Ge_x$ 合金中，随着 Ge 含量的增加，马氏体相变温度逐渐向高温方向移动，然而其 e/a 的数值并没有变化。因此，相变温度的升高不能用 e/a 解释。根据表 6.1，可以看出，随着 Ge 含量增加，合金的晶格常数逐渐降低，导致单位体积内的电子密度逐渐增加。根据相关报道，Ni-Mn 基铁磁形状记忆合金的马氏体相变温度随着单位体积内的电子密度增加逐渐升高[27]。此外，Ge 元素的掺杂也会改变合金中 Mn-Mn 原子间的间距，从而会对相变温度有一定的影响。因而，以上两个因素导致 $Mn_2Ni_{1.6}Sn_{0.4-x}Ge_x$ 合金的马氏体相变温度随着 Ge 含量的增加逐渐升高。

6.2.3 $Mn_2Ni_{1.6}Sn_{0.4-x}Ge_x$ 合金的磁化曲线

我们在马氏体相变温度附近，测量了 $Mn_2Ni_{1.6}Sn_{0.4-x}Ge_x$ 合金等温磁化曲线，磁场的测量范围是 0～30 kOe，如图 6.3 所示。测量时，先将样品在零磁场下降到 100 K，然后将样品升温至目标温度测量材料的等温磁化曲线。图 6.3（a）是 $Mn_2Ni_{1.6}Sn_{0.38}Ge_{0.02}$ 合金的等温磁化曲线。在 220 K 以下，样品表现出弱磁性；随着温度升高，磁性逐渐增强。在马氏体相变温度附近，224 K，样品表现出明显的变磁性行为，对应着磁场驱动的马氏体到奥氏体的转变[18, 23]。在升磁场和降磁场的过程中，有明显的磁滞现象，这也表明该相变是一级相变。当样品温度从 220 K 升高到 228 K，只升高 8 K，在 30 kOe 下样品的磁化强度就从 14 emu/g 上升到 54 emu/g，可见相变温度附近磁化强度的变化非常剧烈，到 228 K 时，样品基本转变为奥氏体，表现为铁磁性。图 6.3（b）和 6.3（c）是 $x=0.04$ 和 $x=0.06$ 时的等温磁化曲线。随着 Ge 含量的增加，$Mn_2Ni_{1.6}Sn_{0.4-x}Ge_x$ 合金奥氏体相的饱和磁化强度逐渐降低，并且越来越难以饱和，如图 6.3（c）所示。这可能是随着 Ge 含量的增加，合金中 Mn-Mn 原子间反铁磁交换作用逐渐增强，导致合金饱和磁化强度的降低。图 6.3（d）是 $Mn_2Ni_{1.6}Sn_{0.38}Ge_{0.02}$ 合金在马氏体相变温度附近的 Arrott 曲线[28]。从 Arrott 曲线上可以看到，222～226 K 的曲线呈明显 *S* 形，具有一个负的斜率。这也表明马氏体相变是一级相变，并且相变附近 $Mn_2Ni_{1.6}Sn_{0.38}Ge_{0.02}$ 合金具有变磁性行为，存在磁场诱导的变磁性相变。

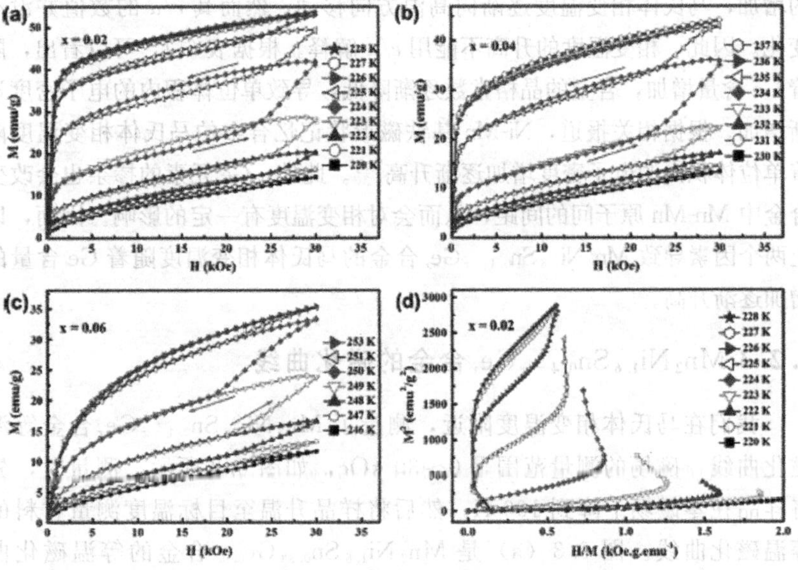

图 6.3 $Mn_2Ni_{1.6}Sn_{0.4-x}Ge_x$ 合金的等温磁化曲线（a）$x=0.02$；（b）$x=0.04$；（c）$x=0.06$；（d）$x=0.02$ 时的 Arrott 曲线

6.2.4 $Mn_2Ni_{1.6}Sn_{0.4-x}Ge_x$ 合金的等温磁熵变

我们根据磁性测量的数据，利用 Maxwell 关系分别计算了各个样品在 30 kOe 外场下的磁熵变值。图 6.4 是 $Mn_2Ni_{1.6}Sn_{0.4-x}Ge_x$ 合金磁熵变随温度变化的关系图（ΔS_M-T）。可以看出，样品的磁熵变均为正值，且都在马氏体相变温度附近达到最大值。在这种情况下，绝热去磁会导致材料温度升高，绝热磁化会使材料温度降低。这和前面章节里的 Ni-Mn 基铁磁形状记忆合金相变附近的磁熵变类似。随着 Ge 含量的增加，马氏体相变温度逐渐升高，磁熵变的峰值也逐渐向高温方向移动。

当 $x=0.02$，0.04 和 0.06 时，在 30 kOe 磁场下得到的最大熵变值分别为 30.1，26.9 和 19.1 J/kg K。即使在较低的 10 kOe 磁场下，$Mn_2Ni_{1.6}Sn_{0.38}Ge_{0.02}$合金的磁熵变值仍然达到 10.1 J/kg K，这一结果和许多磁结构相变合金在相变点附近的磁熵变值是可以比拟的[21-24]。大的磁熵值是由弱磁性的马氏体相到铁磁的奥氏体的相变引起的。合金磁熵变的数值随着 Ge 含量的增加逐渐降低，一是由于马氏体相变温度逐渐升高从而更加接近奥氏体相的居里温度，二是因为相变前后磁化强度的变化量 ΔM 逐渐降低。在 Mn-Ni-Sn-Ge 合金中，在一定温度范围内磁化强度变化越剧烈磁熵变值越大，同时磁场本身可以诱导马氏体相变，这种场致变磁性行为进一步加剧了磁性的变化。于是，这类合金在马氏体相变温度附近产生了非常大的磁熵变。

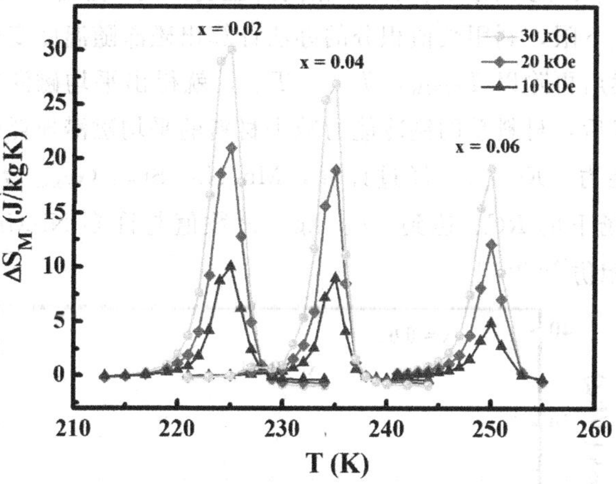

图 6.4 $Mn_2Ni_{1.6}Sn_{0.4-x}Ge_x$合金的等温磁熵变

对于磁制冷材料，磁熵变不是衡量材料磁制冷性能好坏的唯一参数，为了比较材料的磁制冷性能，还应该考虑材料的制冷能力(Refrigerant Capacity，*RC*)，制冷能力同时表征了 ΔS_{max} 和较大 ΔS_M 值所跨温区宽度，它表示在一个理想的制冷循环中有多少热量在热端和冷端间传递[29-30]。当两个不同的磁制冷材料用在同一个制冷循环中时，*RC* 值大的材料能够传递更多的热量，也就具有更好的制冷性能。我们利用

数值积分 ΔS_M-T 曲线所围面积的办法计算 RC 的数值，积分限取为 ΔS_M-T 曲线的半高宽 $T_{FWHM}=T_{hot}-T_{cold}$ 两端所对应的温度值[31]，即：

$$RC=\int_{T_{cold}}^{T_{hot}}\Delta S(T,\Delta H)_{\Delta H}\,\mathrm{d}T \tag{6.1}$$

在 30 kOe 的磁场下，$x=0.02$，0.04 和 0.06 合金的 RC 值分别是 96，60 和 41 J/kg。对于这类合金，由于相变附近具有一定的磁滞，我们还必须考虑磁滞对材料磁制冷性能的影响。磁滞的影响可以利用数值积分的办法算出马氏体相变附近不同温度下升场和降场磁化曲线所围面积[31-34]，即马氏体相变附近不同温度下的磁滞随温度变化的曲线，如图 6.5 所示。根据图 6.5，进一步利用数值积分的办法计算出平均磁滞损耗。具体步骤如下：先采用与计算 RC 相同的温度区间 $T_{FWHM}=T_{hot}-T_{cold}$ 作为积分的上下限，利用数值积分的办法计算出磁滞随温度变化曲线所围的面积，然后再除以 $T_{FWHM}=T_{hot}-T_{cold}$，就得出平均磁滞损耗[31-34]。考虑磁滞以后，材料总的制冷能力减去材料的平均磁滞损耗就是材料的有效制冷能力（RC_{eff}）。经过计算，$Mn_2Ni_{1.6}Sn_{0.38}Ge_{0.02}$ 合金在 $H=30$ kOe 磁场下的 RC_{eff} 达到 79 J/kg，该数值与许多 Ni-Mn 基合金的 RC_{eff} 基本相仿[22, 31, 34]。

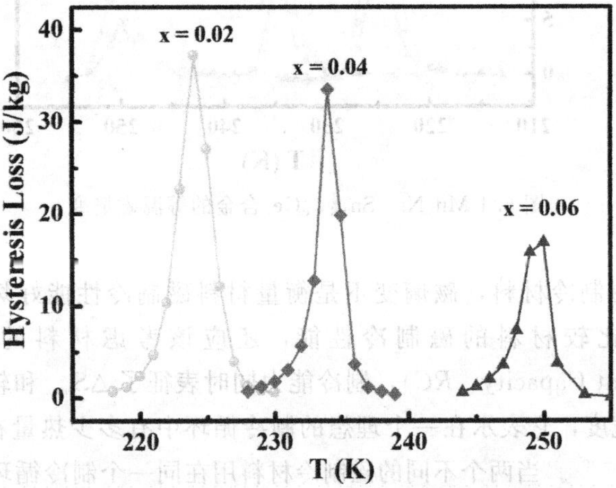

图 6.5 $Mn_2Ni_{1.6}Sn_{0.4-x}Ge_x$ 合金的磁滞损耗

第三节　Mn-Ni-Cu-Sn 合金的马氏体相变和磁热效应

在非正分的 Ni-Mn-Sn 合金中，我们研究过元素 Cu 掺杂对磁性马氏体相变及磁熵变的影响。然而，在高 Mn 含量的 Mn-Ni-Sn 合金中还没有类似的研究。在上一节中，我们研究了同主族元素 Ge 替代 Sn 对 Mn-Ni-Sn 合金磁性马氏体相变和磁熵变的影响，在本节中，我们进一步研究非磁性元素 Cu 替代 Ni 对高 Mn 含量 Mn-Ni-Sn 合金马氏体相变及磁热效应的影响。

6.3.1 样品的制备和表征

通过电弧熔炼将高纯的 Mn、Ni、Cu、Sn 金属原料按 $Mn_{50}Ni_{40-x}Cu_xSn_{10}$（$x$=0，1，2，3）合金的比例反复熔炼 3 次，熔炼后的铸锭切碎后放入一端封闭的石英玻璃管中抽真空后封好，放在高温炉中 850 ℃退火 72 h，然后在冷水中快淬。制备好的样品用 XRD 的方法确认其晶体结构，用 SEM 分析样品的断裂面，用 VSM 测量其磁学性质。

6.3.2 $Mn_{50}Ni_{40-x}Cu_xSn_{10}$ 合金的热磁曲线

我们用 SEM 观察了 $Mn_{50}Ni_{40-x}Cu_xSn_{10}$ 合金铸锭断面的形貌。图 6.6（a）是 $Mn_{50}Ni_{38}Cu_2Sn_{10}$ 的断裂面，可以看出，条带的截面存在一定程度的均匀有序的柱状结构。

图中白色箭头的方向是熔炼结束后铸锭冷却凝固的方向，表明沿凝固方向，合金铸锭形成了一定的织构，而且这种柱状晶垂直于冷却方向。图 6.6（b）是铸锭截面的局部放大图。通过该图，合金的柱状晶看得更加清楚，晶粒有明显的生长方向并且大小比较均匀。这也从一个方面说明该类合金样品熔炼后结晶程度较好，平均的晶粒尺寸为 3 μm。

我们在 1 kOe 的磁场下测量了 $Mn_{50}Ni_{40-x}Cu_xSn_{10}$（$x$=0，1，2，3）的热磁曲线。测量分为升温和降温两个阶段，温度范围为 50～330 K，如图 6.7 所示。所有的样品在低温马氏体相的磁性都相对较弱。以

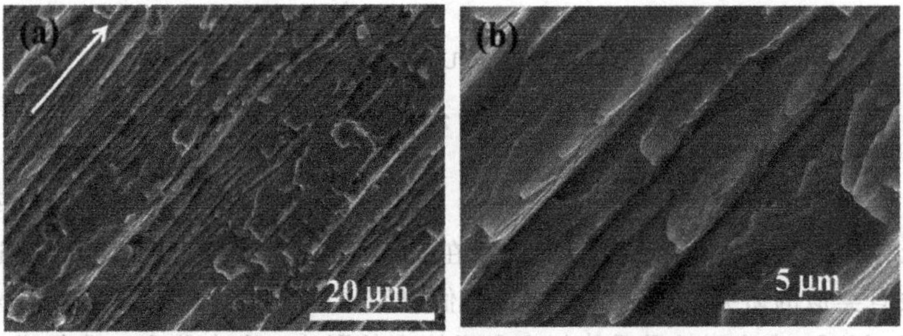

图 6.6 (a) $Mn_{50}Ni_{38}Cu_2Sn_{10}$ 合金的断裂面 (b) 断裂面的局部放大图

$Mn_{50}Ni_{39}Cu_1Sn_{10}$ 合金为例，随着温度降低，合金的磁化强度在奥氏体居里温度（T_C^A）处急剧升高，表现出明显的铁磁行为。进一步降低温度，样品的磁化强度在马氏体相变温度（M_s）急剧下降，并在温度为 M_f 处趋于稳定，对应着磁性马氏体相变的开始与完成。随着温度下降到接近马氏体相居里温度（T_C^M）时，合金的磁化强度又开始增加，表明其在马氏体相出现了铁磁转变。在样品随后的升温过程中，其磁化强度在逆马氏体相变温度（A_s）处开始急剧上升，并在温度为 A_f 处趋于稳定，对应着逆马氏体相变的开始与完成。显然，在升温与降温过程中磁性马氏体相变并不在同一路径上，即在相变温度附近存在大约 15 K 的热滞，表明合金发生的是具有一级相变特征的热弹性马氏体相变[21-24]。随着 Cu 含量的增加，$Mn_{50}Ni_{40-x}Cu_xSn_{10}$ 合金的磁性马氏体相变温度逐渐向低温方向移动，而 T_C^A 基本保持不变。根据前面的报道，Ni-Mn 基铁磁形状记忆合金的磁性马氏体相变温度与合金的价电子浓度（e/a）相关[25-26]。相变温度一般随着 e/a 增加向高温方向移动，随着 e/a 降低向低温方向移动。在 $Mn_{50}Ni_{40-x}Cu_xSn_{10}$ 合金中，由于 Cu 的价电子数小于 Ni，Cu 对 Ni 的替代增加了材料的 e/a。当 Cu 的含量从 0 增加到 3 时，合金中的逆马氏体相变温度从 196 K 降低到 60 K。显然，$Mn_{50}Ni_{40-x}Cu_xSn_{10}$ 合金的磁性马氏体相变温度并没有随着 e/a 增加而增大，反而向低温方向移动。因此这类合金中马氏体相变温度的变化不能简单地用 e/a 的变化来解释。类似的结果在 Ni-Mn 基铁磁形状合金中也有相关报道[35]。在 $Mn_{50}Ni_{40-x}Cu_xSn_{10}$ 合金中，掺杂的 Cu 元素有可能会改变合金中 Mn-Mn 原子之间的间距以及 Ni 和 Mn 原子 $3d$ 电子之间的杂化，这都会对马氏体和奥氏体相的磁性交换作用产生一定的影响[27, 36]。由于 Cu 原子 $3d^{10}$ 电子的引入，使得 Mn-Ni-Cu-Sn 合金奥氏体相的铁磁性进一步增强，同时奥氏体相变得更加稳定。相关的物理现象还需要进一步的研究。

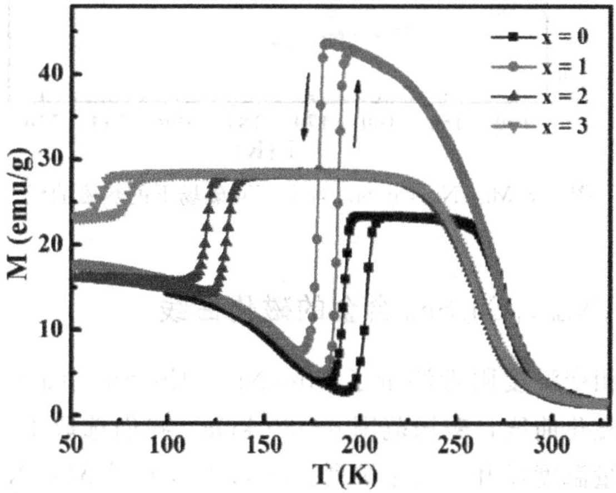

图 6.7 $Mn_{50}Ni_{40-x}Cu_xSn_{10}$ 合金在 1 kOe 磁场下的热磁曲线

我们又测量了 $Mn_{50}Ni_{39}Cu_1Sn_{10}$ 合金在不同磁场下（1～30 kOe）的热磁曲线，如图 6.8 所示。可以看出，所有的热磁曲线都表现出类似的形状，都经历明显的磁性马氏体相变。随着外磁场的升高，马氏体相变温度逐渐降低，预示着在该样品中存在着明显的磁场诱导相变行为。当磁场从 1 kOe 增加到 30 kOe 时，样品的马氏体相变温度从 180 K 降低到 171 K，使得奥氏体相更加稳定。材料的马氏体相变温度随磁场移动的速度约为 3 K/10 kOe，其速度要慢于同类高 Ni 含量的 Ni-Mn 基合金[37-38]。

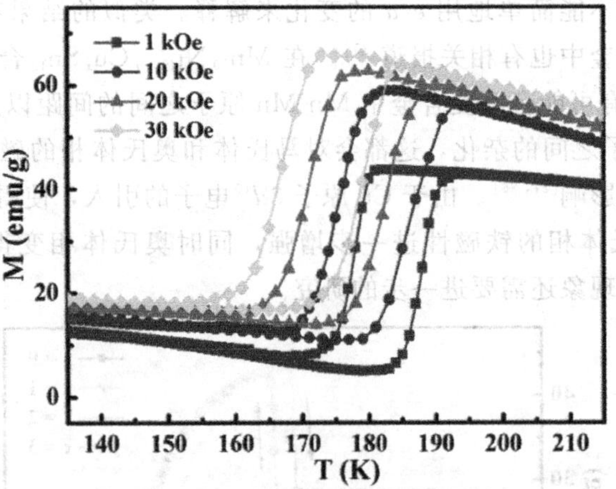

图 6.8 $Mn_{50}Ni_{39}Cu_1Sn_{10}$合金不同磁场下的热磁曲线

6.3.3 $Mn_{50}Ni_{40-x}Cu_xSn_{10}$合金的磁化曲线

我们在相变温度附近测量了 $Mn_{50}Ni_{40-x}Cu_xSn_{10}$（$x=0$，1，2，3）合金的等温磁化曲线，磁场范围 0～30 kOe。我们选取 1～2 K 作为温度间隔，测量温度以升温顺序排列。图 6.9（a）是 $Mn_{50}Ni_{39}Cu_1Sn_{10}$合金的等温磁化曲线。在 179 K，样品表现出较弱的磁性，并且没有明显的磁滞；随着温度升高，磁性逐渐增强。在马氏体相变温度附近，185 K和 186 K，样品表现出一定的变磁性行为，对应着磁场驱动的马氏体到奥氏体的转变[18, 23]；并且在升磁场和降磁场的过程中有明显的磁滞现象，这也表明该相变是一级相变。应当指出，该合金中磁场驱动的变磁性相变并不是特别明显，这可能是由于 Mn 含量的增加使得合金中反铁磁交换作用得到增强，因而磁场驱动的变磁性相变变得更加困难。因此，$Mn_{50}Ni_{39}Cu_1Sn_{10}$合金的变磁场临界场高于 30 kOe，要施加更大的磁场才能发生明显的变磁性相变。$Mn_{50}Ni_{38}Cu_2Sn_{10}$合金的等温磁化曲线与前者类似，如图 6.9（b）所示。与 $x=1$ 的合金相比，$x=2$ 的样品随温度升高，磁化强度的增加变得更加缓慢，相变前后磁化强度的变化为 32 emu/g，小于 $x=1$ 合金的 45 emu/g。

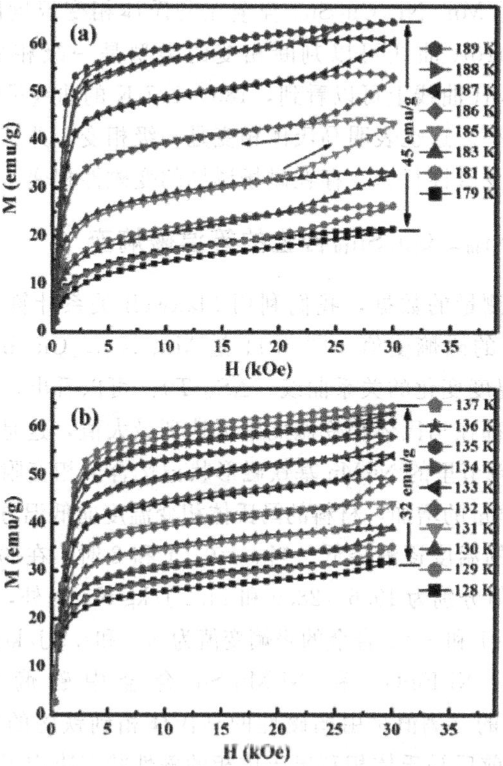

图 6.9 $Mn_{50}Ni_{40-x}Cu_xSn_{10}$合金的等温磁化曲线（a）$x=1$；（b）$x=2$

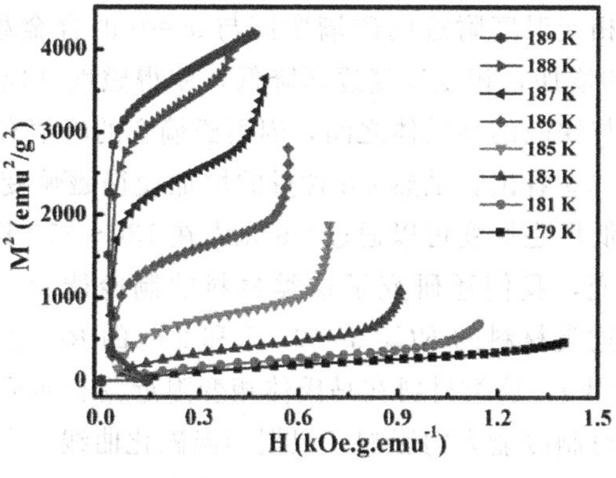

图 6.10 $Mn_{50}Ni_{39}Cu_1Sn_{10}$合金的 Arrott 曲线

图 6.10 是 $Mn_{50}Ni_{39}Cu_1Sn_{10}$ 合金在马氏体相变温度附近的 Arrott 曲线。通过 Arrott 曲线可以判断相变的类型是一级相变还是二级相变[28]。从 Arrott 曲线上可以看到，185～187 K 的曲线呈明显 S 形，具有一个负的斜率。这也表明马氏体相变是一级相变，并且在相变附近合金具有一定的变磁性行为，存在磁场诱导的变磁性相变。

6.3.4 $Mn_{50}Ni_{40-x}Cu_xSn_{10}$ 合金的等温磁熵变

根据磁性测量的数据，我们利用 Maxwell 关系计算了该类合金在 30 kOe 外场下的磁熵变值。图 6.11 是 $Mn_{50}Ni_{40-x}Cu_xSn_{10}$（$x=0$，1，2）磁熵变随温度变化的关系曲线（$\Delta S_M$-$T$）。可以看出，样品的磁熵变均为正值，且都在马氏体相变温度附近达到最大值，这是一种负磁热效应。这和前面章节里的 Ni-Mn 基铁磁形状记忆合金相变附近的磁熵变类似。随着 Cu 含量的增加，材料的马氏体相变温度向低温方向移动，磁熵变的峰值对应的温度逐渐降低。当 $x=0$，1 和 2 时，在30 kOe磁场下得到的最大熵变值分别为 19.6，28.9 和 14.2 J/kg K。另外，在较低的磁场 10 kOe 下，$x=1$ 和 $x=2$ 合金的磁熵变值为 9.6 和4.7 J/kg K，这一结果与 Ni-Mn-Ga，Ni-Fe-Ga 和 Ni-Mn-Sn 合金中磁熵变的大小类似[2, 39-41]。大的磁熵值是由弱磁性的马氏体相到铁磁的奥氏体的相变引起的。相变前后马氏体相和奥氏体相的磁性状态决定了相变附近磁熵变的大小。当 $x=1$ 时，Cu 元素的加入使得合金奥氏体的铁磁性得到增强，因而其在相变温度附近的磁熵变值与 $x=0$ 的合金相比有所增加。随着 Cu 含量的增加，相变温度逐渐降低，使得磁性马氏体相变发生在铁磁的奥氏体与铁磁的马氏体之间，因而磁熵变的峰值有所降低，这可以从图 6.7 和 6.9 看出。虽然 Cu 含量的增加使得磁熵变的峰值有所降低，但是大的低场磁熵变可以通过 Cu 元素在 130～210 K 之间调节。

除了磁熵变，我们还研究了这类材料的制冷能力。根据图 6.11，利用积分得到这类材料的 RC，$x=0$，1 和 2 时的 RC 值分别为 102.6，93.2 和 78.5 J/kg。这类材料在马氏体相变附近具有明显的磁滞，所以也要考虑磁滞对制冷能力的影响。根据等温磁化曲线，我们利用数值积分的办法计算了合金在相变温度附近的磁滞损耗。平均磁滞损耗等于磁滞损耗除以积分时所用的温度宽度。经过计算，$x=0$，1 和 2 时合金的平均磁滞损耗分别为 38.5，28.5 和 10.2 J/kg。因此，$Mn_{50}Ni_{40-x}Cu_xSn_{10}$（$x=0$，1，2）合金的有效制冷能力 RC_{eff} 分别为 64.1，64.7，和 68.3 J/kg，该数值要大于其他报道的高 Ni 含量的 Ni-Mn 基合金[31, 35]。虽然 $Mn_{50}Ni_{40-x}Cu_xSn_{10}$ 合金的磁熵变随着 Cu 含量的增加逐渐降低，但其有效制冷能力在很宽的温区范围内都保持了较大的数值，使得这类合金有可能成为应用于磁制冷循环的候选材料。

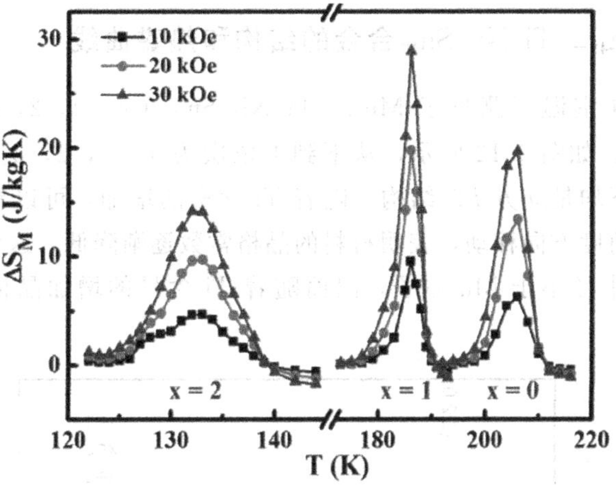

图 6.11 $Mn_{50}Ni_{39}Cu_1Sn_{10}$ 合金的等温磁熵变

第四节　Mn-Ni-Ti-Sn 合金的马氏体相变和磁热效应

在 Ni-Mn 基铁磁形状记忆合金的研究中，大多数课题组主要研究了 Fe、Co、Cu 以及一些主族元素的掺杂对这类合金磁性马氏体相变和磁熵变的影响。在高 Mn 含量的 Mn-Ni-X 合金中也是如此。元素 Ti 在这两类合金的研究中使用较少，并且前面两节中主要介绍了元素替代合金中的 Ni 和 Sn 对合金磁性马氏体相变和磁热效应的影响。在本节中，我们将研究元素 Ti 替代 Mn 对高 Mn 含量 Mn-Ni-Sn 合金磁性马氏体相变和磁熵变的影响。

6.4.1 样品的制备和表征

通过电弧熔炼将配比好的 Mn、Ni、Ti、Sn 等金属原料放在水冷铜坩埚中熔炼多次以确保成分均匀。熔炼后的铸锭切碎后放入一端封闭的石英玻璃管中，抽真空后封好。然后，将样品在 800 ℃退火 72 小时，取出后立即在冷水中快淬。制备好的样品用 XRD 的方法确认其晶体结构，用 SEM 分析样品的断裂面，用 VSM 测量其磁学性质。

6.4.2 $Mn_{48-x}Ti_xNi_{42}Sn_{10}$ 合金的结构和热磁曲线

我们在室温下测量了 $Mn_{48-x}Ti_xNi_{42}Sn_{10}$（$x=1$，2，3）合金的 XRD 曲线，如图 6.12 所示，从下到上依次为 $x=1$，2，3。所有的样品在室温下均是立方 $L2_1$ 结构。随着 Ti 含量的增加，可以看出衍射峰逐渐向高角度方向移动，表明材料的晶格常数逐渐降低。这可能是由于 Ti 的原子半径小于 Mn 原子，因而随着 Ti 含量的增加晶格常数逐渐降低。

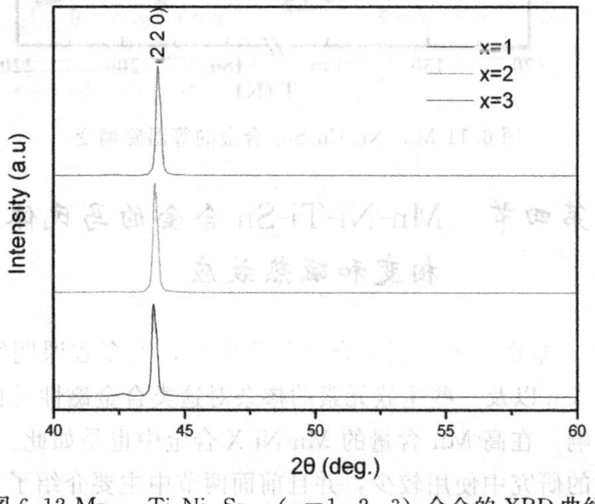

图 6.12 $Mn_{48-x}Ti_xNi_{42}Sn_{10}$（$x=1$，2，3）合金的 XRD 曲线

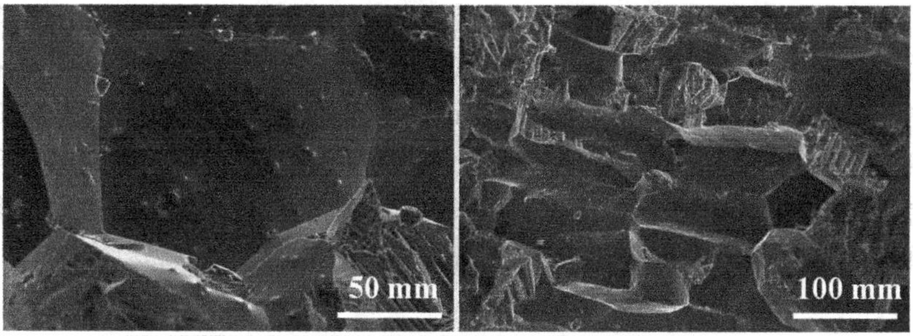

图 6.13 $Mn_{48-x}Ti_xNi_{42}Sn_{10}$（$x$=1，3）合金的 SEM 图片

图 6.13 是 $Mn_{48-x}Ti_xNi_{42}Sn_{10}$（$x$=1，3）合金断面的 SEM 图片。左侧为 x=1 的合金断面图，经过退火处理后，材料的晶粒尺寸已经生长得较大，晶粒界面上有一些点状的凸起。右侧为 x=3 的合金断面图，可以看出，断面处有部分是从晶粒内部断裂，晶粒同样较粗大并有一定的生长方向。同前面研究的合金类似，晶粒的取向沿着熔炼后合金铸锭冷却的方向。

图 6.14 是 $Mn_{48-x}Ti_xNi_{42}Sn_{10}$（$x$=1，2，3，4）合金在 1 kOe 磁场下测量的热磁曲线。测量的温度范围为 50～320 K，分为升温和降温两个过程。可以看出，该曲线和前面 Mn-Ni-X 合金的形状类似。以 x=1 为例，样品的磁化强度在低温阶段随着温度缓慢下降，对应着弱磁的马氏体相。继续升高温度，发生了从弱磁的马氏体相到铁磁态的奥氏体相的磁结构相变，同时伴随着磁化强度的突变。在升温和降温过程中有大约 10 K 的热滞，说明该磁结构相变具有明显的一级相变的特点[21-24]。随着 Ti 含量的增加，材料的磁性马氏体相变温度逐渐向低温方向移动，并且奥氏体相的磁性逐渐减弱。根据相关报道，铁磁形状记忆合金的特征温度同价电子数与原子数的比例（e/a）有关[25, 26]。对于 Mn，Ni，Ti 来说，价电子指的是 $3d$ 和 $4s$ 壳层电子；对于 Sn 来说，指的是 $5s$ 和 $5p$ 壳层电子。由于 Ti 原子比 Mn 原子少了 3 个 $3d$ 电子，Ti 元素的掺入使得 e/a 减小，相应的几个特征温度也迅速降低。该结果和前人在 Ni-Mn 基合金中报道的结论是一致的。表 6.2 列出 Ti 含量（x=1，2，3，4）不同的几个样品所对应的 e/a 值和特征温度。当 x=4 时，在我

们温度测量的范围内并没有发现磁性马氏体相变，也就是说随着 Ti 含量的增加，其相变温度已经降低到 50 K 以下。这类材料的磁性主要来源于合金中的 Mn 原子并对 Mn-Mn 原子间的间距非常敏感。随着 Ti 含量的增加 Mn 含量的降低，材料的晶格常数也逐渐降低，相应的对合金中的 Mn-Mn 原子间距产生明显影响，因而材料奥氏体相的磁性逐渐降低，并且奥氏体相的居里温度逐渐向低温方向移动。

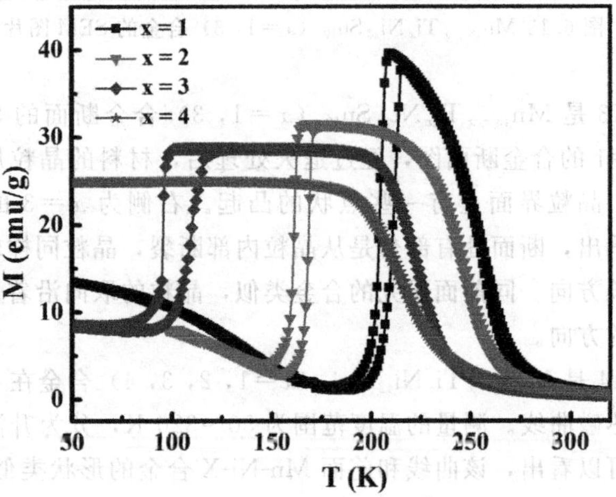

图 6.14 $Mn_{48-x}Ti_xNi_{42}Sn_{10}$（$x$=1，2，3，4）合金在 1 kOe 磁场下的热磁曲线

我们又测量了 $Mn_{47}Ti_1Ni_{42}Sn_{10}$ 合金在 10，20，30 kOe 磁场下的热磁曲线，测量同样分为升温和降温两个阶段，如图 6.15 所示。可以看出，所有的热磁曲线都表现出类似的形状，都具有明显的磁性马氏体相变。随着外磁场的升高，马氏体相变温度向低温方向移动，表明磁场能够驱动合金发生从马氏体到奥氏体的相变。当磁场从 10 kOe 增加到 30 kOe时，样品的磁性马氏体相变温度降低了 5 K 左右。相比其他 Ni-Mn 基铁磁形状记忆合金，在这类合金中磁场驱动的相变变得更加困难，相变也需要更高的磁场来驱动。

表 6.2 $Mn_{48-x}Ti_xNi_{42}Sn_{10}$（$x$=1，2，3，4）合金的特征温度和磁熵变值

x	e/a	M_s（K）	M_f（K）	A_s（K）	A_f（K）	T_c^A（K）	ΔS_M（J/kg K）
1	7.93	208	200	205	215	270	26.6
2	7.90	163	158	166	170	260	36.8
3	7.87	97	91.7	100	120	240	15.1
4	7.84	—	—	—	—	235	—

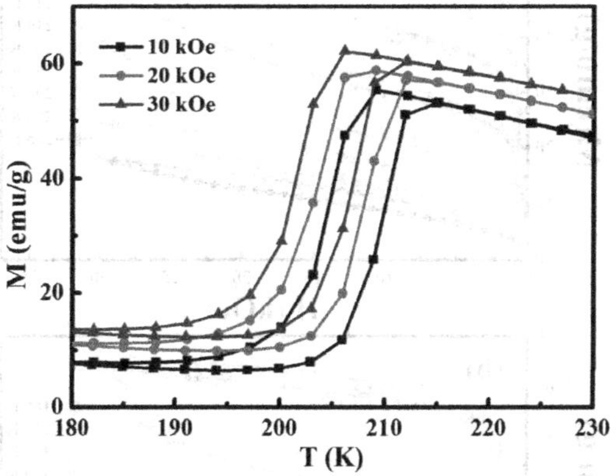

图 6.15 $Mn_{47}Ti_1Ni_{42}Sn_{10}$合金不同磁场下的热磁曲线

6.4.3 $Mn_{48-x}Ti_xNi_{42}Sn_{10}$合金的磁化曲线和 Arrott 曲线

我们在磁性马氏体相变温度附近测量了这类合金的等温磁化曲线。测量前，先将样品降低到 50 K，然后再升温至待测温度，按照一定的温度间隔升温测量每个温度的等温磁化曲线。图 6.16 是 $Mn_{48-x}Ti_xNi_{42}Sn_{10}$（$x$=1，2）合金的等温磁化曲线。图 6.16（a）是 x=1 合金的等温磁化曲线。在 205 K，样品表现出较弱的磁性，升磁场和降磁场过程中没有明显的磁滞，这时样品处于马氏体相；随着温度升高，逆马氏体相变开始，材料的饱和磁化强度逐渐升高。在马氏体相变温度附近，例如 209 和 210 K，样品并没有表现出明显的变磁性行为，磁滞却明显增大。

该合金中，30 kOe 的磁场还不足以驱动材料发生磁结构相变。因此，$Mn_{47}Ti_1Ni_{42}Sn_{10}$合金的变磁场临界场高于 30 kOe，要施加更大的磁场才能发生明显的变磁性相变。$Mn_{46}Ti_2Ni_{42}Sn_{10}$合金的等温磁化曲线与前者类似，如图 6.16（b）所示。这两个合金相变前后磁化强度的变化大小基本相同，大约为 43 emu/g，该数值将直接影响到相变附近磁熵变的大小。

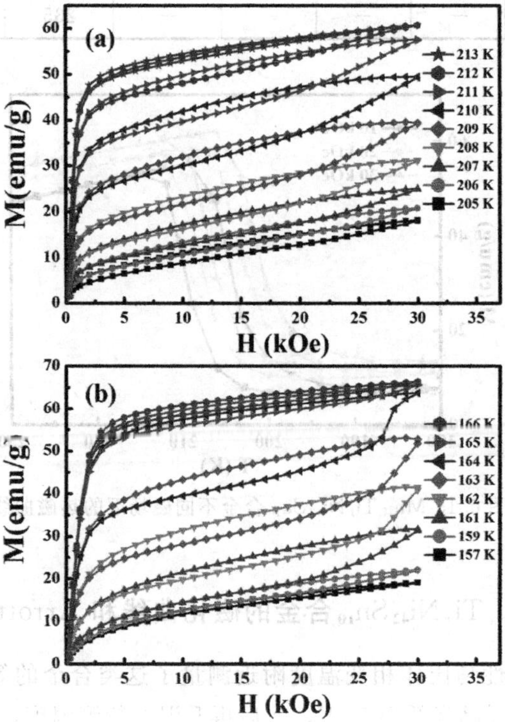

图 6.16 $Mn_{48-x}Ti_xNi_{42}Sn_{10}$合金的等温磁化曲线（a）$x=1$；（b）$x=2$

图 6.17 是$Mn_{47}Ti_1Ni_{42}Sn_{10}$合金在马氏体相变温度附近的 Arrott 曲线。Arrott 曲线是通过图 6.16 的等温磁化曲线变换得到的，横坐标为 H/M，纵坐标为 M^2。通过 Arrott 曲线可以判断相变的特征。如果相变是一级磁相变，Arrott 曲线就会显示一个负的斜率或者呈 S 形[28]。

从 Arrott 曲线上可以看到，209～211 K 的曲线呈明显 S 形，具有一个负的斜率，这表明该相变是一级相变，并且在相变附近合金具有一定的变磁性行为，存在磁场诱导的变磁性相变。

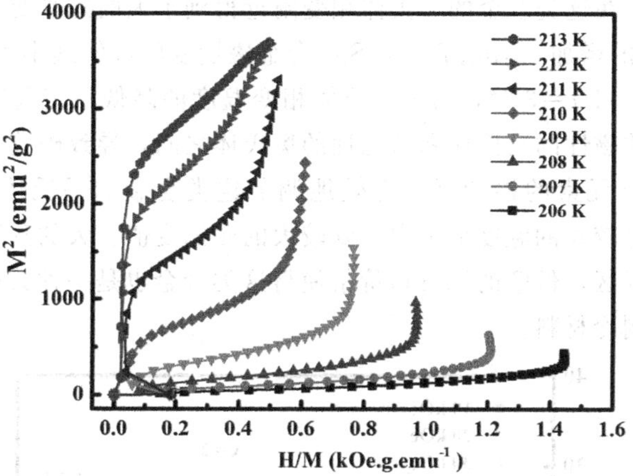

图 6.17 $Mn_{47}Ti_1Ni_{42}Sn_{10}$合金的 Arrott 曲线

6.4.4 $Mn_{48-x}Ti_xNi_{42}Sn_{10}$合金的等温磁熵变

根据磁性测量的数据，利用 Maxwell 关系我们得到了这类合金在 30 kOe外场下的磁熵变值。图 6.18 是 $Mn_{48-x}Ti_xNi_{42}Sn_{10}$ ($x=1$, 2, 3) 合金磁熵变随温度变化的关系曲线（ΔS_M-T）。可以看出，在马氏体相变温度附近，样品表现出非常大的正磁熵变，这是一种负磁热效应。该结果和前面章节里的 Ni-Mn 基铁磁形状记忆合金相变附近的磁熵变类似。随着 Ti 含量的增加，材料的马氏体相变温度向低温方向移动，磁熵变的峰值对应的温度逐渐降低。当 $x=1$，2 和 3 时，在30 kOe磁场下得到的最大磁熵变值分别为 26.6，36.8，和 15.1 J/kg K。另外，在较低的磁场 10 kOe 下，$x=1$，2 和 3 的磁熵变值为 8.7，12.8 和 5.7 J/kg K。这一结果，特别是高磁场下（30 kOe）的磁熵变值要大于同类的 Ni-Mn 基合金以及前面两节里面的 Mn-Ni 基合金[2]。大的磁熵值来源于弱磁性的马氏体相到铁磁的奥氏体的磁结构相变。磁性马氏体相变前后磁化强度的变化决定了这类合金相变附近磁熵变的大小。在一定温度范围内，磁化强度变化越剧烈，磁熵变值越大。此外，因为磁场本身可以诱导马氏体相变，这种场致变磁性行为进一步加剧了磁性的变化。于是，在这类合金的马氏体相变附近得到了大的磁熵变。另外，随着 Ti 含量的增加，$Mn_{45}Ti_{3}Ni_{42}Sn_{10}$ 合金磁熵变的数值远小于 $x=1$ 和 2 时的数值。当 $x=3$ 时，由于马氏体相变温度的降低，其马氏体相变发生在近似铁磁性的马氏体和铁磁性的奥氏体之间，导致磁熵变的数值迅速降低。Ti 元素的掺杂可以有效地调节这类合金的马氏体相变温度，并且在一个较宽的温度范围内得到较大的磁熵变值。大的磁熵变值，可调的工作温区，低廉的原材料价格使得这类合金也是一种具有广阔应用前景的磁制冷材料。

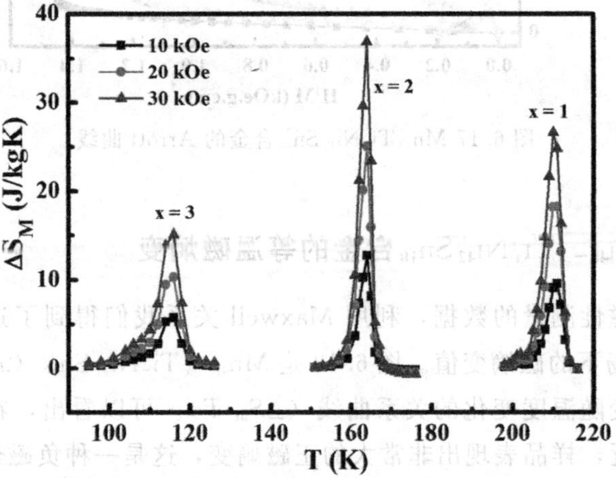

图 6.18 $Mn_{48-x}Ti_{x}Ni_{42}Sn_{10}$ 合金的等温磁熵变

第五节　本 章 小 结

在本章中，我们在高 Mn 含量 Mn-Ni-Sn 合金的基础上，研究了不同的元素掺杂对材料磁性马氏体相变以及相变温度附近磁熵变的影响，主要内容分为以下几个方面：

第一，在高 Mn 含量 $Mn_{50}Ni_{40}Sn_{10}$ 合金的基础上，我们通过用少量的元素 Ge 替代合金中的元素 Sn，研究了其对磁性马氏体相变和磁熵变的影响。实验结果表明，$Mn_2Ni_{1.6}Sn_{0.4-x}Ge_x$合金中磁性马氏体相变温度随着 Ge 含量的增加而增加，奥氏体的居里温度随之而略有降低。由于在相变点附近磁化强度发生非常剧烈的跃变，并且表现出明显的磁场驱动的变磁性相变，我们在相变温度附近得到了较大的磁熵变值。我们又进一步计算了相变附近的磁滞，得到了这类材料相变附近的有效制冷能力。

第二，在高 Mn 含量 $Mn_{50}Ni_{40}Sn_{10}$合金的基础上，我们通过非磁性元素 Cu 替代 Ni，研究了其对 $Mn_{50}Ni_{40-x}Cu_xSn_{10}$合金磁性马氏体相变和磁熵变的影响。随着 Cu 含量的增加，Mn-Ni-Cu-Sn 合金中磁性马氏体相变温度逐渐降低，奥氏体相的居里温度基本保持不变，并且在马氏体相变温度附近得到了较大的磁熵变。虽然 $Mn_{50}Ni_{40-x}Cu_xSn_{10}$合金的磁熵变随着 Cu 含量的增加逐渐降低，但其有效制冷能力在很宽的温区范围内都保持了较大的数值，并且其工作温区可以通过 Cu 元素在 130～210 K 之间调节。

第三，研究了元素 Ti 替代 Mn 对高 Mn 含量 Mn-Ni-Sn 合金磁性马氏体相变和磁熵变的影响。随着 Ti 含量的增加，$Mn_{48-x}Ti_xNi_{42}Sn_{10}$合金的磁性马氏体相变温度逐渐向低温方向移动，并且奥氏体相的磁性逐渐减弱。当 $x=1$，2 和 3 时，在 30 kOe 磁场下得到的最大磁熵变值分别为 26.6，36.8 和 15.1 J/kg K。Ti 元素的掺杂可以有效地调节这类合金的磁性马氏体相变温度，并且在一个较宽的温度范围内具有较大的磁熵变值。

这类高 Mn 含量的 Mn-Ni-Sn 合金在磁性马氏体相变附近磁化强度发生非常剧烈的跃变，并且表现出磁场驱动的变磁性相变，因而在相变附近有较大的磁熵变值。并且，我们可以通过不同的元素掺杂有效地调节其相变温度使其在较宽的温度范围内具有较大的磁熵变值。这类合金以其低廉的价格、较大的磁熵变和制冷能力、可调的相变温度，成为具有很大潜力的磁制冷工质之一。

参考文献

[1] Y. Sutou, Y. Imano, N. Koeda, T. Omori, R. Kainuma, K. Ishida, K. Oikawa. Appl. Phys. Lett. 85 (2004) 4358.

[2] T. Krenke, E. Duman, M. Acet, E. F. Wassermann, X. Moya, L. Manosa, A. Planes. Nat. Mater. 4 (2005) 450.

[3] R. Kainuma, Y. Imano, W. Ito, Y. Sutou, H. Morito, S. Okamoto, O. Kitakami, K. Oikawa, A. Fujita, T. Kanomota, K. Ishida. Nature 439 (2006) 957.

[4] D. Y. Cong, S. Roth, L. Schultz. Acta Mater. 60 (2012) 5335.

[5] K. P. Bhatti, S. El-Khatib, V. Srivastava, R. D. James, C. Leighton. Phys. Rev. B. 85 (2012) 134450.

[6] S. Y. Yu, L. Ma, G. D. Liu, Z. H. Liu, J. L. Chen, Z. X. Cao, G. H. Wu, B. Zhang, X. X. Zhang. Appl. Phys. Lett. 90 (2007) 242501.

[7] F. X. Hu, J. Wang, L. Chen, J. L. Zhao, J. R. Sun, B. G. Shen. Appl. Phys. Lett. 95 (2010) 112503.

[8] V. V. Sokolovskiy, V. D. Buchelnikov, M. A. Zagrebin, P. Entel, S. Sahool, M. Ogura. Phys. Rev. B. 86 (2012) 134418.

[9] C. M. Li, H. B. Luo, Q. M. Hu, R. Yang, B. Johansson, L. Vitos. Phys. Rev. B. 86 (2012) 214205.

[10] C. L. Tian, Y. W. Huang, X. H. Tian, J. X. Jiang, W. Cai. Appl. Phys. Lett. 100 (2012) 132402.

[11] Y. J. Huang, Q. D. Hu, J. G. Li. Appl. Phys. Lett. 101 (2012) 222403.

[12] H. C. Xuan, K. X. Xie, D. H. Wang, Z. D. Han, C. L. Zhang, B. X. Gu, Y. W. Du. Appl. Phys. Lett. 92 (2008) 242506.

[13] F. X. Hu, J. Wang, L. Chen, J. L. Zhao, J. R. Sun, B.

G. Shen. Appl. Phys. Lett. 95 (2010) 112503.

[14] R. B. Helmholdt, K. H. J. Buschow. J. Less-Common Met. 128 (1987) 167.

[15] Z. Li, C. Jing, J. P. Chen, S. J. Yuan, S. X. Cao, J. C. Zhang. Appl. Phys. Lett. 91 (2007) 112505.

[16] H. C. Xuan, Q. Q. Cao, C. L. Zhang, S. C. Ma, S. Y. Chen, D. H. Wang, Y. W. Du. Appl. Phys. Lett. 96 (2010) 202502.

[17] S. Paul, S. Ghosh. J. Appl. Phys. 110 (2011) 063523.

[18] H. Z. Luo, G. D. Liu, Z. Q. Feng, Y. X. Li, L. Ma, G. H. Wu, X. X. Zhu, C. B. Jiang, H. B. Xu. J. Magn. Magn. Mater. 321 (2009) 4063.

[19] Z. G. Wu, Z. H. Liu, H. Yang, Y. N. Liu, G. H. Wu. Appl. Phys. Lett. 98 (2011) 061904.

[20] Z. D. Han, J. Chen, B. Qian, P. Zhang, X. F. Jiang, D. H. Wang, Y. W. Du. Scr. Mater. 66 (2012) 121.

[21] A. K. Pathak, I. Dubenko, C. Pueblo, S. Stadler, N. Ali. J. Appl. Phys. 107 (2010) 09A907.

[22] A. K. Pathak, M. Khan, I. Dubenko, S. Stadler, N. Ali. Appl. Phys. Lett. 90 (2007) 262504.

[23] H. C. Xuan, D. H. Wang, C. L. Zhang, Z. D. Han, B. X. Gu, Y. W. Du. Appl. Phys. Lett. 92 (2008) 102503.

[24] T. Krenke, M. Acet, E. F. Wassermann, X. Moya, L. Manosa, A. Planes. Phys. Rev. B 72 (2005) 014412.

[25] J. Marcos, L. Manosa, A. Planes, F. Casanova, X. Batlle, A. Labarta. Phys. Rev. B 68 (2003) 094401.

[26] M. Pasquale, C. P. Sasso, L. H. Lewis, L. Giudici, T. Lograsso, D. Schlagel. Phys. Rev. B 72 (2005) 094435.

[27] R. L. Wang, J. B. Yan, H. B. Xiao, L. S. Xu, V. V. Marchenkov, L. F. Xu, C. P. Yang. J. Alloys Comp. 509

(2011) 6834.

[28] A. Arrott. Phys. Rev. 108 (1957) 1394.

[29] K. A. Gschneidner Jr., V. K. Pecharsky, A. O. Pecharsky, C. B. Zimm. Mater. Sci. Forum 315 (1999) 69.

[30] K. A. Gschneidner Jr., V. K. Pecharsky, A. O. Tsokol. Rep. Prog. Phys. 68 (2005) 1479.

[31] B. Hernando, J. L. Sánchez Llamazares, V. M. Prida, D. Baldomir, D. Serantes, M. Ilyn, J. González. Appl. Phys. Lett. 94 (2009) 222502.

[32] B. Hernando, J. L. Sánchez Llamazares, J. D. Santos, V. M. Prida, D. Baldomir, D. Serantes, R. Varga, J. González. Appl. Phys. Lett. 92 (2008) 132507.

[33] V. Provenzano, A. J. Shapiro, R. D. Shull. Nature (London) 429 (2004) 853.

[34] A. K. Pathak, I. Dubenko, H. E. Karaca, S. Stadler, N. Ali. Appl. Phys. Lett. 97 (2010) 062505.

[35] R. Sahoo, A. K. Nayak, K. G. Suresh, A. K. Nigam. J. Appl. Phys. 109 (2011) 123904.

[36] K. R. Priolkar, D. N. Lobo, P. A. Bhobe, S. Emura, A. K. Nigam. EPL (Europhysics Letters) 94 (2011) 38006.

[37] J. Liu, S. Aksoy, N. Scheerbaum, M. Acet, O. Gutfleisch. Appl. Phys. Lett. 95 (2009) 232515.

[38] S. Y. Yu, Z. H. Liu, G. D. Liu, J. L. Chen, Z. X. Cao, G. H. Wu, B. Zhang, X. X. Zhang. Appl. Phys. Lett. 89 (2006) 162503.

[39] F. X. Hu, B. G. Shen, J. R. Sun, G. H. Wu. Phys. Rev. B 64 (2001) 132412.

[40] D. E. Soto-Parra, E. Vives, D. González-Alonso, L. s. Manosa, A. Planes, R. Romero, J. A. Matutes-Aquino, R. A. Ochoa-Gamboa, H. Flores-Zúniga. Appl. Phys. Lett. 96

(2010) 071912.
[41] V. Recarte, J. I. Pérez-Landazábal, C. Gómez-Polo, E. Cesari, J. Dutkiewicz. Appl. Phys. Lett. 88 (2006) 132503.

第七章　元素掺杂对 Ni-Mn-Al 合金马氏体相变和相关物理效应的研究

第一节　引　言

前面的几章介绍的都是近几年较热的 Ni-Mn-X 和高 Mn 含量的 Mn-Ni-X (X=In, Sn) 铁磁形状记忆合金的磁性马氏体相变，以及相变附近的磁熵变和磁电阻效应。这类合金在马氏体相变附近之所以有这么丰富的物理性质，主要是由于在相变过程中伴随着磁化强度的突变，同时该相变还可以被磁场所驱动，有明显的磁场诱导的变磁性行为。马氏体相变附近大的磁熵变、磁电阻和磁致应变效应使得这类合金有着广阔的应用前景。然而，另外一种 Ni-Mn 基的铁磁形状记忆合金 Ni-Mn-Al，人们则研究得比较少。

正分的 Ni_2MnAl 合金一直到低温结构都很稳定，在降温的过程中没有马氏体相变。在一些稍微偏离正分比例的 Ni-Mn-Al 中，合金随温度变化会经历马氏体相变，相变的温度对材料的成分和母相的结构非常敏感[1-3]。Ni-Mn-Al 合金的高温奥氏体相一般是 $B2$ 结构，而低温马氏体相根据成分或者热处理过程的不同具有多种结构，例如：$14M$，$10M$，$L1_0$，或者这几种结构的混合[4]。

在马氏体相变过程中，Ni-Mn-Al 合金中的磁性状态的变化一般都是从反铁磁态转变为顺磁态或者铁磁一反铁磁的共存态，所以，磁化强度的变化非常小，如图 7.1 所示[5]。在铁磁马氏体相变体系中，磁场驱动相变的驱动力主要来自体系的 Zeeman 能，$E_{Zeeman}=\mu_0\Delta MH$，其中

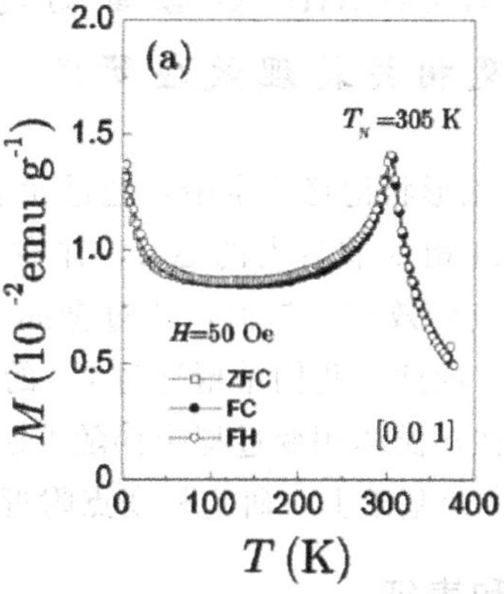

图 7.1 $Ni_{54}Mn_{23}Al_{23}$合金在 50 Oe 下的热磁曲线

ΔM为马氏体和奥氏体饱和磁化强度的差，H为外加磁场。可以看出，相变前后ΔM越大，越容易实现变磁性相变。与 Ni-Mn 基铁磁形状记忆合金相比，Ni-Mn-Al 合金在马氏体相变前后并没有伴随磁化强度的剧变，限制了这类合金作为磁性多功能材料的应用。因此，在 Ni-Mn-Al 合金中实现相变前后大的ΔM是在该类合金中获得多种功能性质的关键。

最近，Kainuma 等发现通过金属 Co 对 Ni-Mn-In 掺杂，该合金在弱磁的马氏体相到铁磁的奥氏体相的相变过程中伴随着磁化强度的突变，并且在相变过程中发现了大的磁致应变效应[6]。另外，在$Ni_{50}Mn_{39}Sb_{11}$合金中，用 Co 替代 Ni 后，使其在室温下的磁化强度从 8 emu/g 增加到$Ni_{42}Co_8Mn_{39}Sb_{11}$中的 110 emu/g，并且在马氏体相变附近发现了大的磁电阻效应[7]。在本章中，我们主要通过元素掺杂在 Ni-Mn-Al 合金中实现相变前后大的ΔM，同时进一步研究这类合金中相变点附近的磁热和磁电阻效应。

第二节　Ni-Co-Mn-Al 合金的马氏体相变及相关物理效应研究

在 Ni-Mn 基的铁磁形状记忆合金中，通过元素 Co 掺杂能有效增强奥氏体相的磁性，实现相变前后大的 ΔM，并在相变前后实现大的磁热、磁电阻以及磁致应变效应。然而，通过金属 Co 对 Ni-Mn-Al 合金掺杂的研究却比较少，因此，我们希望通过 Co 的掺杂提高这类合金母相的磁性，并且使其在马氏体相变过程中伴随着磁化强度的突变，获得相变前后大的 ΔM。在此基础上，研究相变点附近的相关物理效应。

7.2.1 样品的制备和表征

我们用真空电弧熔炼的方法制备了 $Ni_{50-x}Co_xMn_{32}Al_{18}$（$x$=3，4，5，6，7，8）合金。原料采用高纯的镍、钴、锰和铝金属。熔炼好的铸锭切成小块封在抽成真空的石英管中，在 1100 ℃下退火 72 小时，然后放入冷水中淬火。退火后的样品磨成粉末，在室温下用 XRD 的方法测量其晶体结构，然后用 VSM 和 SQUID 测量其磁学性质，PPMS 测量其电输运性质。

7.2.2 $Ni_{50-x}Co_xMn_{32}Al_{18}$ 合金的马氏体相变

图 7.2 是 $Ni_{50-x}Co_xMn_{32}Al_{18}$（$x$=3，4，5，6，7，8）合金在 1 kOe 下升温和降温的热磁 M-T 曲线。可以看出，所有成分的 M-T 曲线表现出类似的形状。以 x=6 的合金为例，在升温过程中，合金在300 K以下表现出较弱的磁性，并且磁性随温度变化不大。当温度升至310 K时，磁化强度突然增大，对应着马氏体到奥氏体的逆马氏体相变，继续升温磁化强度又逐渐下降。降温过程中，在315 K附近发生了马氏体相变，并伴随着磁化强度的剧烈下降。在升温和降温过程中，马氏体相变附近有大约 20 K 左右的热滞，表明该相变为一级相变；而在马氏体居里温度和奥氏体居里温度附近则未发现明显的热滞现象，为二级相变[8-11]。该类合金的整个相变过程和前面研究的 Ni-Mn-X（X=In，Sn）合金的相变过程类似。

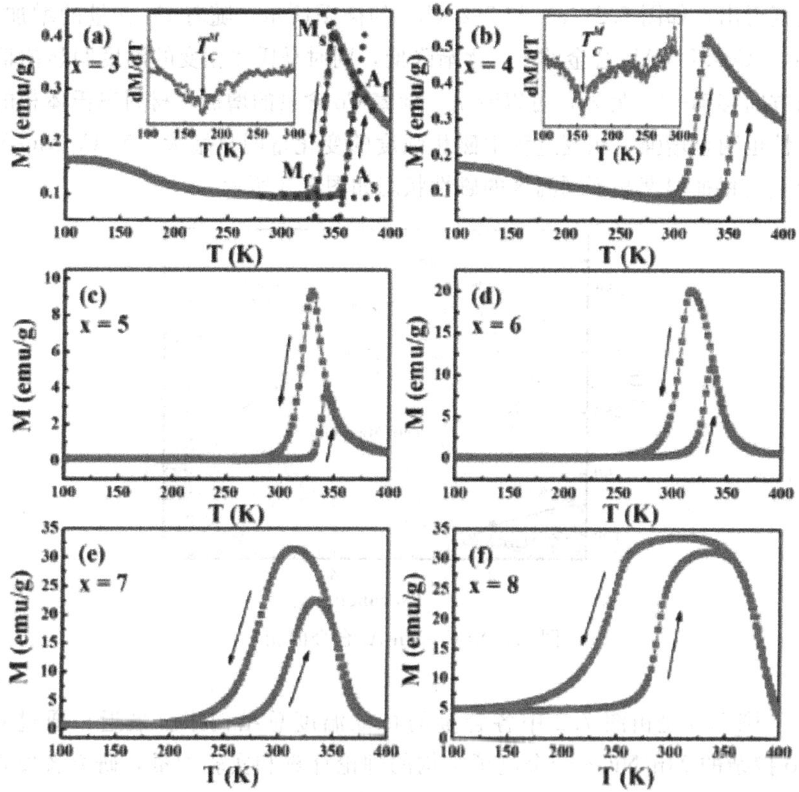

图 7.2 $Ni_{50-x}Co_xMn_{32}Al_{18}$ 合金在 1 kOe 下的热磁曲线

图 7.2 (a) 中标出了相应的几个相变特征温度，升温过程依次历经马氏体居里点（$T_C{}^M$）、奥氏体相变开始温度（A_s）、奥氏体相变结束温度（A_f）、奥氏体居里点（$T_C{}^A$）；降温过程依次历经奥氏体居里点（$T_C{}^A$）、马氏体相变起始温度（M_s）、马氏体相变结束温度（M_f）、马氏体居里点（$T_C{}^M$）。在 Co 含量较低的合金中（$x=3$，4，5），马氏体相和奥氏体相均为弱磁态，表明 $A_s > T_C{}^A$ 和 $A_s > T_C{}^M$，如图 7.2（a），7.2（b）和 7.2（c）所示。随着 Co 含量的增加，合金奥氏体相的磁性逐渐增强。当 $x=8$ 时，磁性马氏体相变发生在铁磁的奥氏体和弱磁的马氏体之间，如图 7.2（f）所示，表明 $T_C{}^M < A_s < T_C{}^A$。马氏体相的居里温度由 dM/dT 的峰值

温度得出，如图 7.2（a）和 7.2（b）的插图所示。随着 Co 含量的增加，$Ni_{50-x}Co_xMn_{32}Al_{18}$ 合金的 e/a 逐渐降低，同时马氏体相变的温度明显向低温方向移动[11]。另外，可以看出，随着 Co 含量的增加，材料奥氏体相的磁性也明显增强，相变过程中磁化强度的变化量明显增大。Ni-Co-Mn-Al 合金的特征温度和不同温区的磁性状态如图 7.3 所示。

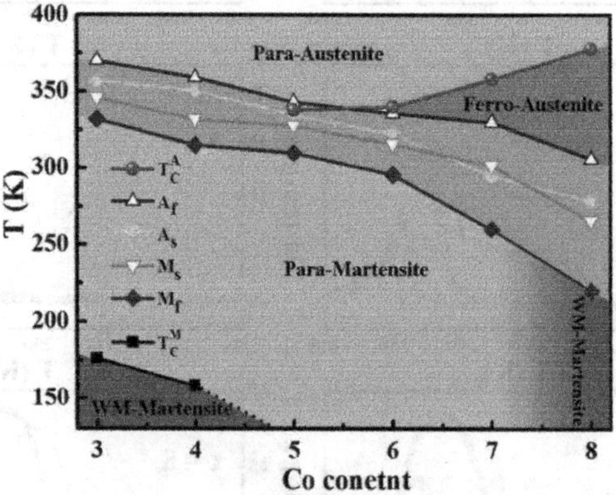

图 7.3 Ni-Co-Mn-Al 合金的相图

图 7.3 是由图 7.2 中各合金的特征温度总结而来。最近，通过对 Co 掺杂的 Mn_2NiGa 合金电子结构的理论计算和实验测量，研究者发现 Co 在该合金中起着铁磁“激活因子”的作用，使奥氏体相的 Mn 原子的磁矩成铁磁性排列[12]。在 Ni-Mn-Al 合金中加入金属 Co，就有可能使 Co 原子周围所有 Mn 原子的磁矩通过与 Co 原子的交换耦合作用变成铁磁性的排列。随着 Co 含量的增加，例如 $x=8$ 的合金，可能所有与 Co 近邻的 Mn 原子都变成铁磁性交换作用，这样，就使一部分本来是反铁磁交换作用的 Mn-Mn 原子间的磁矩变成铁磁性耦合，增强了母相的磁性，相应的其母相的居里温度也明显升高[12-13]。可以看出，随着 Co 含量的增加，其马氏体相的居里温度逐渐降低，但在低温100 K（马氏体相）的磁性却逐渐增强。特别是 $x=8$ 的合金样品，其低温下的磁性远强于 Co 含量较低的合金，这可能是由于合金中铁磁交换作用的增强形成了铁磁—反铁磁共存的马氏体相，具体的结论还需要进一步

深入的研究。

7.2.3 $Ni_{50-x}Co_xMn_{32}Al_{18}$合金的等温磁熵变

为了进一步研究这类材料在马氏体相变附近的磁性行为，我们测量了这类合金在各自马氏体相变附近的一系列不同温度的初始磁化曲线（*M*-*H*）。图 7.4 是 $Ni_{42}Co_8Mn_{32}Al_{18}$合金在马氏体相变附近的等温磁化曲线。在低温马氏体相，材料表现出亚铁磁性。升高温度至 250～280 K，材料有着明显的变磁性行为，对应着磁场诱导的从弱磁的马氏体相到铁磁的奥氏体相的相变。温度升高到 320 K，高于马氏体相变温度，奥氏体相呈现出典型的铁磁性。通过 Co 对 Ni-Mn-Al 掺杂，可以发现材料的磁学性质发生了明显的改变。奥氏体相的铁磁性明显增强，出现了磁场诱导的变磁性行为，这在未掺杂的 Ni-Mn-Al 体系里是没有的[5]。在整个相变过程中，磁化强度的变化达到 45 emu/g，和 Ni-Mn-In 及 Ni-Mn-Sn 合金相变中磁化强度的变化相当[7, 14]。根据克劳修斯-克拉珀龙方程式，大的磁化强度的变化在磁场诱导的马氏体相变中是非常重要的[6, 15]。磁化强度的变化越大，材料的马氏体相变越容易被磁场驱动，这也有利于在 Co 掺杂的 Ni-Mn-Al 合金中获得大的磁致应变、磁熵变和磁电阻效应。

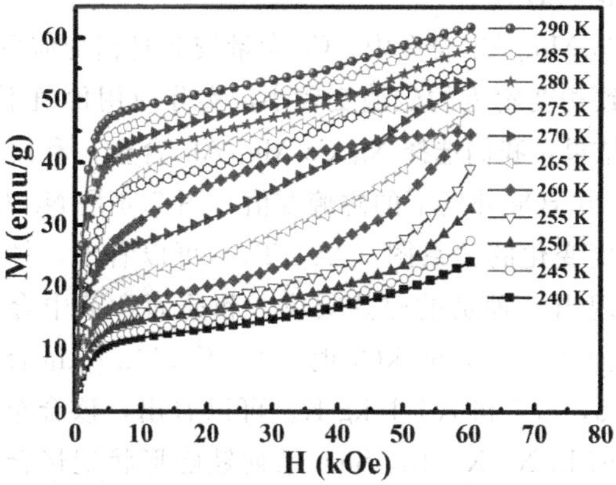

图 7.4 $Ni_{42}Co_8Mn_{32}Al_{18}$合金的等温磁化曲线

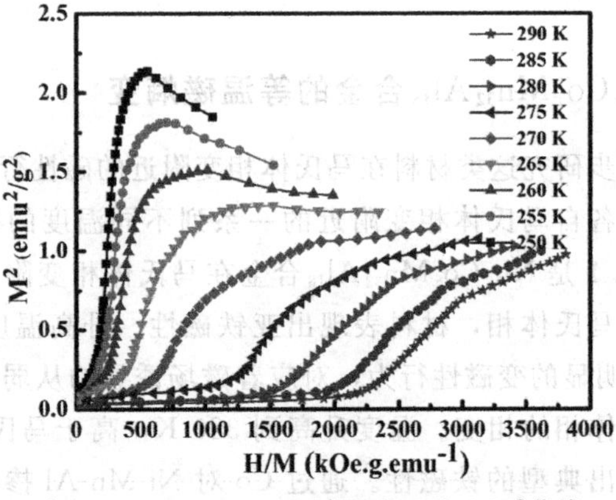

图 7.5 $Ni_{42}Co_8Mn_{32}Al_{18}$ 合金的 $H/M\text{-}M^2$ 曲线

在相变温度附近，除了传统的 Arrott 曲线用来判断相变的类型，Banerjee Criterion 也常用来判断相变的类型[16]。根据相变温度附近的 $M\text{-}H$ 曲线，经过变换得到了 $H/M\text{-}M^2$ 曲线，如图 7.5 所示。由 Banerjee Criterion 判据可知，如果 $H/M\text{-}M^2$ 曲线具有负的斜率，表明该相变为一级相变[16]。如图 7.5 所示，250～270 K 的曲线表现出明显的负斜率，表明该马氏体相变是一级相变，这与 Ni-Mn 基铁磁形状记忆合金中的结论一致。

在 $Ni_{50-x}Co_xMn_{32}Al_{18}$ 合金中，Co 含量较低时相变前后磁化强度的变化比较小，导致相变附近的磁熵变较小，实际应用价值不高。因此，根据磁性测量的结果，我们选择 $Ni_{42}Co_8Mn_{32}Al_{18}$ 合金，利用 Maxwell 关系计算该样品在 60 kOe 外场下的磁熵变值。图 7.6 是 $Ni_{42}Co_8Mn_{32}Al_{18}$ 合金磁熵变随温度变化的关系图（$\Delta S_M\text{-}T$）。可以看出，样品的磁熵变为正值，同样表现出一种负的磁热效应，和前面章节中合金的磁熵变类似。当外磁场为 20，40，60 kOe 时，$Ni_{42}Co_8Mn_{32}Al_{18}$ 合金的最大磁熵变值分别为 2.8，5.4 和 7.7 J/kg K。可以看出，该合金的磁熵变低于前人报道的 Ni-Mn-X（X＝In，Sn）系列铁磁形状记忆合金在相变点附近的磁熵变值[6, 10, 14, 17-19]，主要由于其相变前后磁化强度的变化较小，另外磁场驱动这类合金发生变磁性相变更加困难。我们又进一步计算了该合金的制冷能力。*RC* 同时表征了 ΔS_{max} 和较大 ΔS_M 值所跨温区宽度，它表示在一个理想的制冷循环中有多少热量在热端和冷端间传递[20-21]。当两个不同的磁制冷材料用在同一个制冷循环中时，*RC* 值大的材料能够传递更多的热量，也就具有更好的制冷性能。我们利用数值积分 ΔS_M-T 曲线得到了 $Ni_{42}Co_8Mn_{32}Al_{18}$ 合金的 *RC* 值。在 60 kOe 的磁场下，样品的 *RC* 值达到 171 J/kg。另外，如图 7.4 所示，该合金在升磁场和降磁场测量的过程中存在明显的磁滞，这将对材料的制冷能力产生明显的影响。因此，通过积分我们计算了每一个温度下升场和降场 *M*-*H* 曲线所围的面积，如图 7.6 中的插图所示。根据该插图中的数据，我们得到了该合金在相变点附近的平均磁滞损耗。在 60 kOe 磁场下，平均磁滞损耗为 59 J/kg。因此，该合金的有效制冷能力（RC_{eff}）就等于总制冷能力减去相变附近的平均磁滞损耗。$Ni_{42}Co_8Mn_{32}Al_{18}$ 合金的 RC_{eff}（60 kOe）为 112 J/kg，大于一些 Ni-Mn 基合金中的 RC_{eff}，例如 $Ni_{42}Co_8Mn_{30}Fe_2Ga_{18}$（70 J/kg，$\Delta H=50$ kOe）[22]，Ni-Mn-Sn 条带（46 J/kg，$\Delta H=20$ kOe）[23]，以及 $Mn_{50}Ni_{40}In_{10}$ 条带（59 J/kg，$\Delta H=30$ kOe）[24]。以上结果也说明 $Ni_{42}Co_8Mn_{32}Al_{18}$ 合金是一种比较有潜力的磁制冷材料。

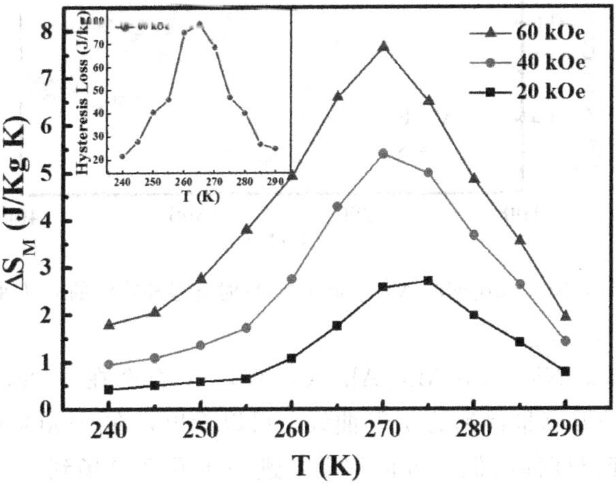

图 7.6 $Ni_{42}Co_8Mn_{32}Al_{18}$ 合金的等温磁熵变 插图：$Ni_{42}Co_8Mn_{32}Al_{18}$ 合金的磁滞损耗

7.2.4 $Ni_{50-x}Co_xMn_{32}Al_{18}$合金的磁电阻效应

我们又进一步研究了 $Ni_{50-x}Co_xMn_{32}Al_{18}$ 合金磁性马氏体相变附近的磁电阻效应。图 7.7 是 $Ni_{50-x}Co_xMn_{32}Al_{18}$ （$x=6$，8）合金在无磁场时升温和降温的电阻率随温度变化曲线（ρ-T），温度范围为100～400 K。对于 $x=6$ 的合金，在低温阶段，材料处于马氏体相，具有较高的电阻率，并随着温度升高逐渐降低。继续升高温度，材料的电阻率迅速下降，对应着马氏体相到奥氏体相的转变[15, 25]。降温测量时，可以明显看出在马氏体相变附近有大约 20 K 的热滞，这也说明该相变是一级相变。当 $x=8$ 时，其 ρ-T 曲线和 $x=6$ 的合金具有类似的行为。随着 Co 含量的增加，材料的马氏体相变温度向低温方向移动，并且随着铁磁性交换作用的增强，其相变附近的热滞也略有增加。

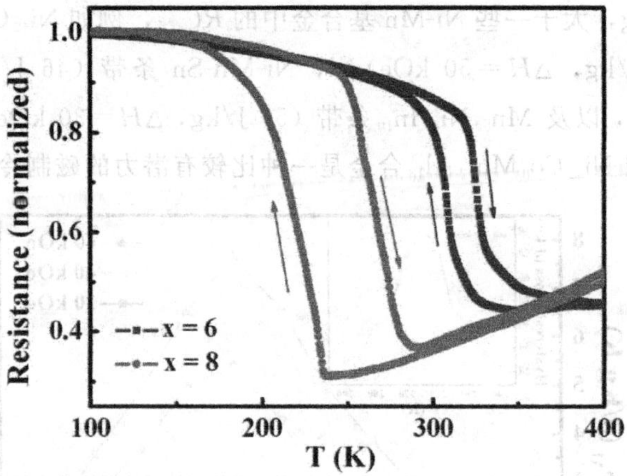

图 7.7 $Ni_{50-x}Co_xMn_{32}Al_{18}$ 合金在 0 Oe 时升温和降温的 ρ-T 曲线

图 7.8 是 $Ni_{50-x}Co_xMn_{32}Al_{18}$ （$x=6$，8）合金在 0 Oe，50 kOe 和 90 kOe 下升温测量得到的 ρ-T 曲线。可以看出，在 50 kOe 磁场下两个合金的相变温度都向低温方向移动，进一步升高磁场到 90 kOe，相变温度继续向低温方向移动，表明在马氏体相变温度附近，磁场可以驱动马氏体相变[15, 25]，这和图 7.4 材料的磁化曲线中磁场能够驱动马氏体

相变的结论是一致的。对于 $x=6$ 的样品，在低温和高温远离马氏体相变的区域，材料的电阻率并没有明显的变化，表明该材料在单独的马氏体相和奥氏体相都没有明显的磁电阻效应。当 $x=8$ 时，在高温奥氏体相同样没有明显的磁电阻效应，然而在低温马氏体相材料的电阻率随着磁场的变化非常明显，有较大的磁电阻效应。我们知道，马氏体相变温度附近是一个马氏体相和奥氏体相共存的亚稳态。在 Ni-Mn-Al 合金中，通过金属 Co 替代 Ni 提升了系统里的铁磁交换作用，可能会对这类材料的结构稳定性有一定的影响[12-13]。随着 Co 含量的增加，有可能会扩大马氏体相和奥氏体相共存区域，这一点可以从 $x=8$ 的合金的热滞明显大于 $x=6$ 的反映出来。在磁场的作用下，材料中马氏体相的成分会逐渐变为奥氏体，导致了材料共存区电阻率的下降。因此，磁场导致的电阻率（$x=8$）变化在低温阶段一个很宽的温度范围内都能观察到。

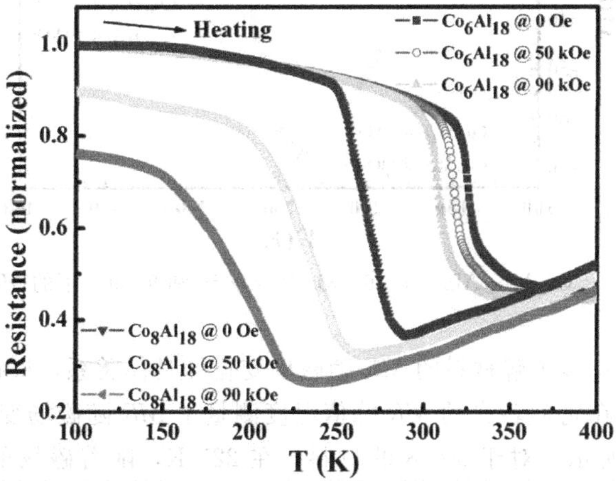

图 7.8 $Ni_{50-x}Co_xMn_{32}Al_{18}$ 合金在 0，50 和 90 kOe 时的升温的 ρ-T 曲线

由于在马氏体相变温度附近磁场能够诱导马氏体相变，在该区域附近应该有大的磁电阻效应（*MR*）。根据图 7.8 的结果，我们得到了 $Ni_{50-x}Co_xMn_{32}Al_{18}$（$x=6$，8）合金的磁电阻随温度变化的曲线（*MR*-*T*），如图 7.9 所示。如图所示，$x=8$ 的合金在 250 K 时，50 kOe 下

MR 的峰值达到 −52%；在 225 K，90 kOe 下的 *MR* 的峰值达到 −67%。正如前面所讨论的，在马氏体相变温度附近，在磁场的作用下越来越多的马氏体相转变为奥氏体，而奥氏体的电阻率低于马氏体，所以在相变附近就能观察到大的负磁电阻效应。特别指出的是，$x=8$ 的合金在很宽的温区内（100～250 K）都表现出大的负磁电阻效应。在 316 K，90 kOe 磁场下，$x=6$ 合金的 *MR* 达到极值 −31%，这也是一个较大的磁电阻效应，而且靠近室温。相变附近大的磁电阻效应使得这类材料在磁传感器、磁存储方面有着广阔的应用前景。

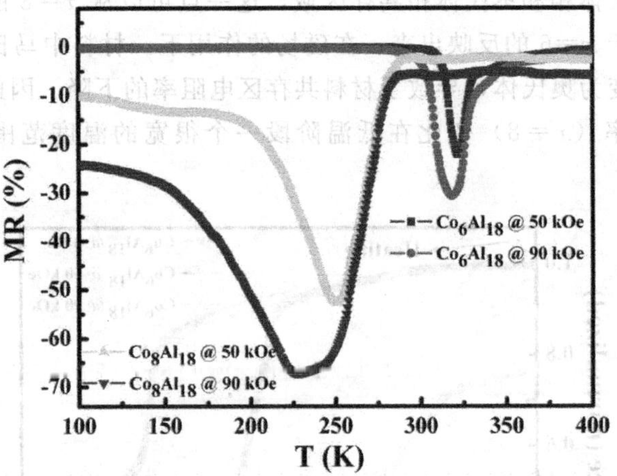

图 7.9 $Ni_{50-x}Co_xMn_{32}Al_{18}$（$x=6$，8）合金在 50 和 90 kOe 下的 *MR-T* 曲线

为了进一步了解材料的 *MR* 随磁场变化的具体关系，根据图 7.9 的结果，我们在它们各自的 *MR* 峰值温度测量了 *MR* 随磁场变化的曲线，如图 7.10 所示。对于 $x=8$ 的材料，在 335 K，随着磁场的增加直至 40 kOe，材料的 *MR* 缓慢降低，继续增大磁场，*MR* 迅速下降，对应着磁场驱动的马氏体相变。当磁场升高到 90 kOe 时，*MR* 达到负的最大值 67%。当磁场降低直至减小到零，其 *MR* 又逐渐降低，直至负的 17%，但并没有回到初始值。在 332 K，$x=6$ 的合金的 *MR* 随磁场变化的关系曲线同 $x=8$ 具有类似的现象。这表明磁场能够驱动马氏体到奥氏体的相变，但降低磁场并不能使材料重新回到马氏体相，因此其 *MR* 值并不能

回复到初始值[26-27]。这种现象对材料的实际应用会产生一定的影响。

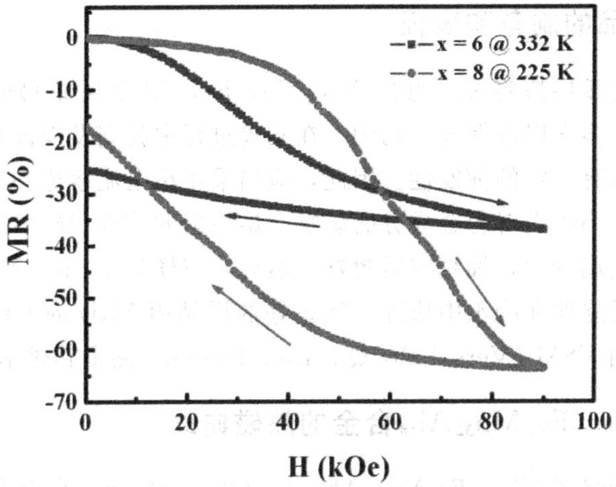

图 7.10 $Ni_{50-x}Co_xMn_{32}Al_{18}$（$x=6$，8）合金的磁电阻随磁场变化关系曲线

第三节　Ni-Fe-Mn-Al 合金的马氏体相变和磁热效应研究

在上一节中，我们通过元素 Co 掺杂在 Ni-Co-Mn-Al 合金中实现了铁磁到弱磁的马氏体相变，并在 $Ni_{42}Co_8Mn_{32}Al_{18}$ 合金中实现了磁场驱动的变磁性相变，因而在相变点附近得到了大的磁熵变和磁电阻效应。在 Ni-Mn 基合金的研究中，大多数课题组都选择元素 Co 作为掺杂元素，利用 Co 元素的“铁磁激活”效应增强合金中母相的磁性，以获得相变前后大的磁化强度的变化。除了金属 Co 以外，其他的元素如 Cu，Cr，Fe 等对 Ni-Mn-X 合金的掺杂也有相应的研究，通过掺杂均对材料的磁性马氏体相变及磁性状态产生了显著的影响[28-30]。然而，在元素掺杂对 Ni-Mn-Al 合金的研究中，除了金属 Co 有相关报道外，其他元素掺杂对这类合金的研究却鲜有报道。在本节中，我们通过金属 Fe 对 Ni-Mn-Al 合金元素进行掺杂，发现 Fe 元素能够显著改变 Ni-Mn-Al 合金的磁性状态，在 Ni-Fe-Mn-Al 合金中也能实现强磁到弱磁的磁性马

氏体相变，并在相变附近发现了大的磁熵变。

7.3.1 样品的制备和表征

通过电弧熔炼将配比好的 Ni，Mn，Fe，Al 金属原料放在水冷铜坩埚中熔炼多次以确保成分均匀。在实验过程中我们发现该类合金在熔炼过程中具有一定的挥发性。因此，应当采用小电流熔炼并尽量缩短熔炼时间以减小挥发对合金成分的影响。熔炼后的铸锭切碎后放入一端封闭的石英玻璃管中，抽真空后封好。然后，将样品在 1100 ℃退火 72 小时，取出后立即在冷水中快淬。制备好的样品用 XRD 的方法确认其晶体结构，用 VSM（VersaLab，Quantum Design）测量其磁学性质。

7.3.2 $Ni_{50-x}Fe_xMn_{32}Al_{18}$ 合金的热磁曲线

我们测量了 $Ni_{50-x}Fe_xMn_{32}Al_{18}$（$x=2$，4，6，8）合金在 1 kOe 下的热磁曲线，测量的温度范围为 100～360 K，分为升温和降温两个过程，如图 7.11 所示。如图 7.11，所有合金的热磁曲线形状类似。在掺杂量较低的合金（$x=2$，4），合金的磁性明显较弱，随着 Fe 含量的增加，合金整体的磁性逐渐增强。以 $Ni_{44}Fe_6Mn_{32}Al_{18}$ 合金为例，样品的磁化强度在低温马氏体相随着温度升高有下降的趋势。继续升高温度，材料的磁化强度迅速升高，该过程对应着从弱磁的马氏体相到强磁态的奥氏体相的磁结构相变。进一步升高温度，磁化强度又逐渐下降，直至奥氏体相的居里温度材料从强磁态转变为顺磁态。在升温和降温过程中马氏体相变温度附近有大约 15 K 的热滞，说明该磁结构相变具有明显的一级相变的特点[8-11]。显然，随着 Fe 含量的增加，材料的磁性马氏体相变温度逐渐向低温方向移动。根据相关报道，铁磁形状记忆合金的磁性马氏体相变温度与价电子数与原子数的比例（e/a）有关[11, 31-32]。对于 Ni，Mn，Fe 来说，价电子指的是 $3d$ 和 $4s$ 壳层电子；对于 Al 来说，指的是 $5s$ 和 $5p$ 电子。由于 Fe 原子比 Mn 原子少了 2 个 $3d$ 电子，Fe 元素的掺入使得 e/a 减小，相应马氏体相变温度也迅速降低。该结果和前人在 Ni-Mn 基合金中报道的结论是一致的。

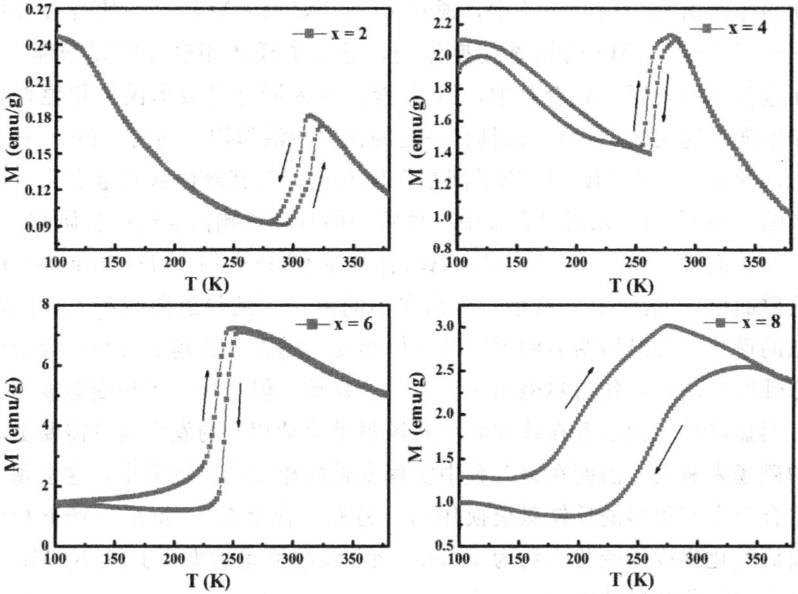

图 7.11 $Ni_{50-x}Fe_xMn_{32}Al_{18}$（$x$=2，4，6，8）合金在 1 kOe 下的热磁曲线

表 7.1 $Ni_{50-x}Fe_xMn_{32}Al_{18}$（$x$=2，4，6，8）合金的特征温度和磁熵变值

x	e/a	M_s（K）	M_f（K）	A_s（K）	A_f（K）	ΔS_M（J/kg K）
2	7.92	295	320	312	285	—
4	7.88	262	280	275	255	—
6	7.84	230	250	245	220	3.3
8	7.80	208	330	270	160	—

随着 Fe 含量的增加，Ni-Fe-Mn-Al 合金的磁性状态发生了明显的变化。奥氏体相的铁磁性随着 Fe 含量的增加逐渐增强（x=2，4，6），当 Fe 的含量进一步增大时（x=8），其奥氏体相的磁性又开始减弱。可以看出 $Ni_{42}Fe_8Mn_{32}Al_{18}$ 合金的磁性马氏体相变非常缓慢，相变前后横跨超过 100 K，并且相变附近的热滞明显增大。因此，在这类合金中，继续增加 Fe 的含量会进一步影响相变的剧烈程度，甚至导致马氏

体相变的消失。在上一节中，通过 Co 对 Ni-Mn-Al 掺杂，使得合金中形成了 Mn-Co-Mn 的铁磁交换作用，导致奥氏体相磁性明显增强[33]。在这类 Ni-Fe-Mn-Al 合金中，Fe 元素的加入同样导致奥氏体相磁性明显增强，这说明 Fe 原子也具有一定的铁磁激活作用。同时，Fe 元素的加入导致合金中 Mn-Mn 原子间距发生变化，对其磁性状态也有明显的影响。然而，Fe 元素对合金中磁性状态的具体影响需要进一步研究。

我们又测量了 $Ni_{44}Fe_6Mn_{32}Al_{18}$ 合金在不同磁场下（1～30 kOe）的热磁曲线，如图 7.12 所示。样品在不同磁场下的热磁曲线都表现出类似的形状，都经历明显的磁性马氏体相变。随着外磁场的升高，合金的磁性明显增强，使得热磁曲线整体向上移动，但是马氏体相变温度却没有明显降低，预示着在该样品中磁场很难驱动相变的发生或者需要更高的磁场来驱动。因而在该合金中实现变磁性相变将比较困难，这也预示着合金中有更多的反铁磁交换作用。另外，合金在 30 kOe 磁场下相变前后磁化强度的变化大约为 12 emu/g，该数值也远低于其他 Ni-Mn 基合金中磁化强度的变化[10, 14, 19]。

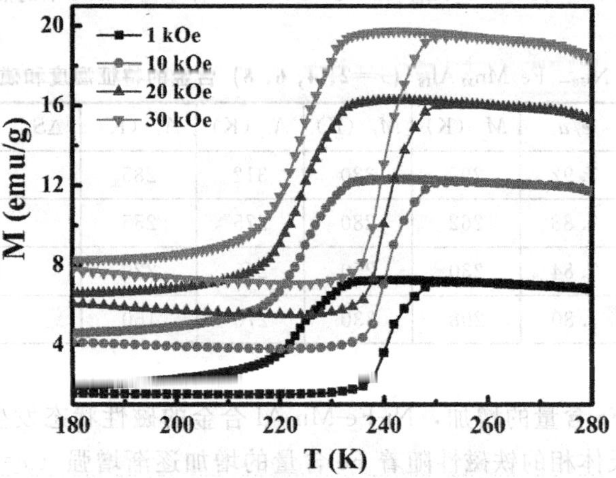

图 7.12 $Ni_{44}Fe_6Mn_{32}Al_{18}$ 合金在不同磁场下的热磁曲线

7.3.3 $Ni_{50-x}Fe_xMn_{32}Al_{18}$ 合金的等温磁熵变

为了进一步了解材料在不同温度下的磁性状态，我们测量了

$Ni_{50-x}Fe_xMn_{32}Al_{18}$（$x$=2，4，6，8）合金在 100 K 和 300 K 的磁滞回线，测量磁场的大小为 30 kOe，如图 7.13 所示。图 7.13（a）为 $Ni_{50-x}Fe_xMn_{32}Al_{18}$（$x$=2，4，6，8）合金在 100 K 的磁滞回线。在低温马氏体相，样品的磁性都比较弱，表现出反铁磁性。随着 Fe 含量的增加，磁性逐渐增强，在 30 kOe 的磁场下均没有饱和。当温度升高到 300 K 时，如图 7.13（b），x=2 合金的磁性状态与 100 K 时没有明显的变化。随着 Fe 含量增加，材料逐渐变成强磁性，如 x=6 的合金变为强的亚铁磁性。当 x=8 时，磁性又明显降低，该结果与图 7.11 中的热磁曲线一致。

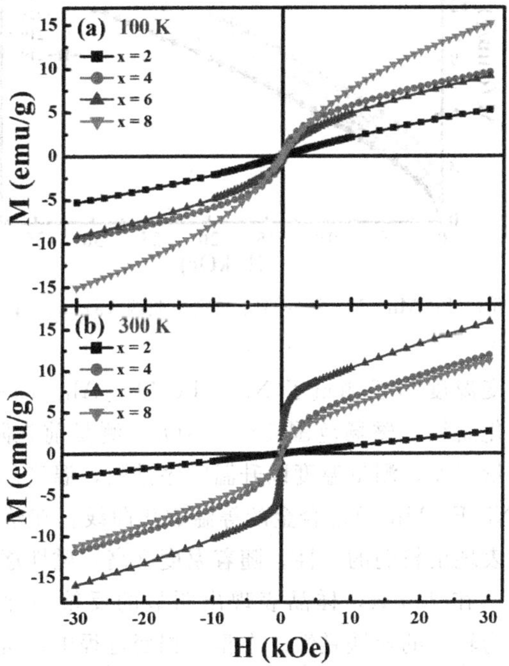

图 7.13 $Ni_{50-x}Fe_xMn_{32}Al_{18}$（$x$=2，4，6，8）合金在 100 K 和 300 K 的磁滞回线

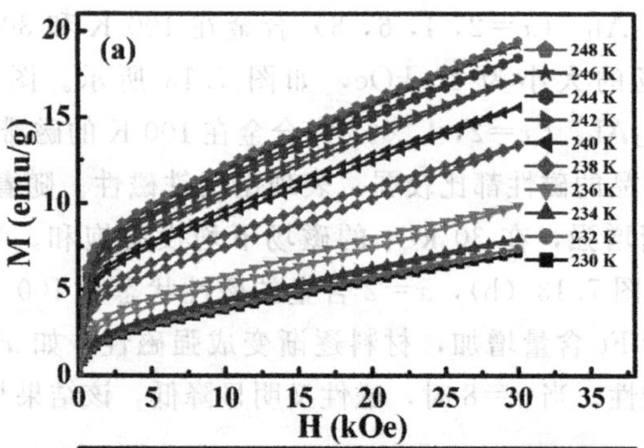

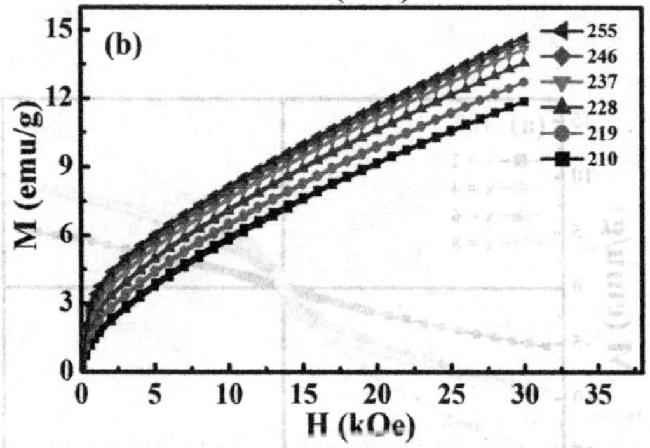

图 7.14 $Ni_{50-x}Fe_xMn_{32}Al_{18}$合金的等温磁化曲线（a）$x=6$；（b）$x=8$

我们在相变温度附近测量了 $Ni_{50-x}Fe_xMn_{32}Al_{18}$（$x=2$，4，6，8）合金的等温磁化曲线，磁场范围 0～30 kOe。测量前先降温到 100 K，然后升温至测量温度。测量温度以升温顺序排列，温度间隔为 2 K。图 7.14（a）是 $Ni_{44}Fe_6Mn_{32}Al_{18}$合金的等温磁化曲线。在整个相变温度范围内，样品均表现出较弱的磁性，随着温度升高，磁性逐渐增强，但越来越难以饱和。在 230 K，样品表现出明显的反铁磁性，升至 248 K 时，样品转变为较强的亚铁磁性。在整个相变过程中，所有的温度均没有明显的变磁性相变。此外，所有磁化曲线的磁滞明显较小，远低于研究较多的 Ni-Mn 基铁磁形状合金[12, 17, 33-34]。应当指出，该合金的磁性总体较弱，含有较多的反铁磁交换作用，因而磁场驱动的变磁性相变更加困难。或者说，$Ni_{44}Fe_6Mn_{32}Al_{18}$合金的变磁场临界场高于 30 kOe，要施加更大的磁场才有可能发生变磁性相变。另外，该合金马氏体相变前后磁化强度的变化相对较小，这将影响到相变温度附近的相关物理效应。$Ni_{42}Fe_8Mn_{32}Al_{18}$合金的等温磁化曲线与前者类似，如图 7.14（b）所示。不同的是其磁性更弱，相变前后磁化强度的变化更小，但是其磁滞基本可以忽略。

根据磁性测量的数据，我们利用 Maxwell 关系计算了$Ni_{44}Fe_6Mn_{32}Al_{18}$合金在 30 kOe 外场下的磁熵变值。图 7.15 是 $Ni_{44}Fe_6Mn_{32}Al_{18}$合金的磁熵变随温度变化的关系曲线（$\Delta S_M$-$T$）。可以看出，样品的磁熵变为正值，是一种负磁热效应，并且在马氏体相变温度附近达到最大值。在 30 kOe 磁场下，$Ni_{44}Fe_6Mn_{32}Al_{18}$合金的最大磁熵变值为 3.3 J/kg K，这一结果要小于 Ni-Mn-Ga，Ni-Fe-Ga 和 Ni-Mn-Sn 合金中磁熵变[17, 35－37]。$Ni_{44}Fe_6Mn_{32}Al_{18}$合金马氏体相变附近的磁熵变值相对较小，主要由于其相变前后磁化强度的变化较小，并且磁场难以驱动该合金发生变磁性相变，这可以从图 7.11 和图 7.14 看出。虽然该合金中相变附近的磁熵变值较小，但我们通过元素 Fe 掺杂在该类合金中实现了从强磁到弱磁的磁性马氏体相变，从而使得 Ni-Fe-Mn-Al 合金成为具有潜在研究价值的新型合金材料。

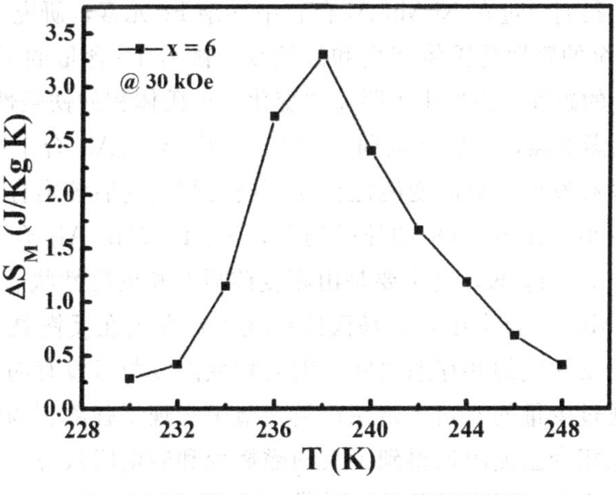

图 7.15 $Ni_{44}Fe_6Mn_{32}Al_{18}$合金的等温磁熵变

第四节 本章小结

在本章中，我们在 Ni-Mn-Al 合金的基础上，研究了不同的元素掺杂对材料磁性马氏体相变以及相变温度附近磁熵变、磁电阻效应的影响，主要内容分为以下几个方面：

第一，在 Ni-Mn-Al 合金的基础上，我们通过用少量的元素 Co 替代合金中的元素 Ni，研究了 $Ni_{50-x}Co_xMn_{32}Al_{18}$ 合金对磁性马氏体相变和磁熵变的影响。通过 Co 的掺杂，在 Ni-Co-Mn-Al 合金中实现了从铁磁的奥氏体到弱磁的马氏体的马氏体相变，并且在马氏体相变温度附近得到了磁场诱导的变磁性行为。对于 $Ni_{42}Co_8Mn_{32}Al_{18}$ 合金，在磁性马氏体相变前后，材料磁化强度变化的大小达到 45 emu/g。在60 kOe的磁场下，$Ni_{42}Co_8Mn_{32}Al_{18}$ 合金磁熵变的峰值达到 7.7 J/kg K，有效制冷能力达到 112 J/kg。同时，在 225 K、90 kOe 的磁场下，该合金磁电阻的峰值达到−67%。马氏体相变附近大的磁化强度、磁熵变和磁电阻的变化，主要是由我们在 Co 掺杂的 Ni-Co-Mn-Al 合金中实现了磁场诱导的马氏体相变导致的。

第二，我们通过在 Ni-Mn-Al 合金中掺杂 Fe 元素，研究了 $Ni_{50-x}Fe_xMn_{32}Al_{18}$ 合金的磁性马氏体相变和磁熵变。随着 Fe 含量的增加，Ni-Fe-Mn-Al 合金的磁性状态发生了明显的变化。奥氏体相的铁磁性随着 Fe 含量的增加逐渐增强，然后又减弱。在 $Ni_{50-x}Fe_xMn_{32}Al_{18}$ 合金马氏体相变温度附近没有发现明显的变磁性相变，同时相变前后该类合金磁化强度的变化比较小。在 30 kOe 的外磁场下，$Ni_{44}Fe_6Mn_{32}Al_{18}$ 合金的最大磁熵变值为 3.3 J/kg K，这主要是由相变前后两相的磁性状态所决定的。

在 Ni-Mn-Al 合金中，其马氏体相变主要发生在反铁磁态和顺磁态或者铁磁一反铁磁的共存态之间，因而相变温度附近没有明显的物理效应。我们通过少量的元素掺杂在这类合金中实现了强磁到弱磁的马氏体相变，并在相变温度附近得到了大的磁熵变和磁电阻效应。这也为类似的磁结构相变合金提供了一种可供借鉴的研究思路。

参考文献

[1] M. Acet, E. Duman, E. F. Wassermann, L. Manosa, and A. Planes. J. Appl. Phys. 92 (2002) 3867.

[2] L. Manosa, A. Planes, M. Acet, E. Duman, and E. F. Wassermann. J. Appl. Phys. 93 (2003) 8498.

[3] S. K. Srivastava, V. K. Srivastava, L. K. Varga, V. V. Khovaylo, R. Kainuma, M. Nagasako, and R. Chatterjee. J. Appl. Phys. 109 (2011) 083915.

[4] Y. Sutou, I. Ohnuma, R. Kainuma, and K. Ishida. Metall. Mater. Trans. A 29A (1998) 2225.

[5] X. Moya, L. Manosa, A. Planes, T. Krenke, M. Acet, M. Morin, J. L. Zarestky, and T. A. Lograsso. Phys. Rev. B 74 (2006) 024109.

[6] R. Kainuma, Y. Imano, W. Ito, Y. Sutou, H. Morito, S. Okamoto, O. Kitakami, K. Oikawa, A. Fujita, T. Kanomota, and K. Ishida. Nature (London) 439 (2006) 957.

[7] S. Y. Yu, L. Ma, G. D. Liu, Z. H. Liu, J. L. Chen, Z. X. Cao, G. H. Wu, B. Zhang, and X. X. Zhang. Appl. Phys. Lett. 90 (2007) 242501.

[8] A. K. Pathak, I. Dubenko, C. Pueblo, S. Stadler, and N. Ali. J. Appl. Phys. 107 (2010) 09A907.

[9] A. K. Pathak, M. Khan, I. Dubenko, S. Stadler, and N. Ali. Appl. Phys. Lett. 90 (2007) 262504.

[10] H. C. Xuan, D. H. Wang, C. L. Zhang, Z. D. Han, B. X. Gu, and Y. W. Du. Appl. Phys. Lett. 92 (2008) 102503.

[11] T. Krenke, M. Acet, E. F. Wassermann, X. Moya, L. Manosa, and A. Planes. Phys. Rev. B 72 (2005) 014412.

[12] L. Ma, H. W. Zhang, S. Y. Yu, Z. Y. Zhu, J. L. Chen, G. H. Wu, H. Y. Lin, J. P. Qu, and Y. X. Li. Appl. Phys. Lett.

92 (2008) 032509.

[13] W. Ito, X. Xu, R. Y. Umetsu, T. Kanomata, K. Ishida, and R. Kainuma. Appl. Phys. Lett. 97 (2010) 242512.

[14] Z. D. Han, D. H. Wang, C. L. Zhang, S. L. Tang, B. X. Gu, and Y. W. Du. Appl. Phys. Lett. 89 (2006) 182507.

[15] S. Y. Yu, Z. H. Liu, G. D. Liu, J. L. Chen, Z. X. Cao, G. H. Wu, B. Zhangand , and X. X. Zhang. Appl. Phys. Lett. 89 (2006) 162503.

[16] S. K. Banerjee. Phys. Lett. 12 (1964) 16.

[17] T. Krenke, E. Duman, M. Acet, E. F. Wassermann, X. Moya, L. Manosa, and A. Planes. Nat. Mater. 4 (2005) 450.

[18] S. K. Srivastava, V. K. Srivastava, L. K. Varga, V. V. Khovaylo, R. Kainuma, M. Nagasako, and R. Chatterjee. J. Appl. Phys. 109 (2011) 083915.

[19] Z. D. Han, D. H. Wang, C. L. Zhang, H. C. Xuan, B. X. Gu, and Y. W. Du. Appl. Phys. Lett. 90 (2007) 042507.

[20] K. A. Gschneidner Jr., V. K. Pecharsky, A. O. Pecharsky, and C. B. Zimm. Mater. Sci. Forum 315 (1999) 69.

[21] K. A. Gschneidner Jr., V. K. Pecharsky, and A. O. Tsokol. Rep. Prog. Phys. 68 (2005) 1479.

[22] A. K. Pathak, I. Dubenko, H. E. Karaca, S. Stadler, and N. Ali. Appl. Phys. Lett. 97 (2010) 062505.

[23] B. Hernando, J. L. S. Llamazares, J. D. Santos, V. M. Prida, D. Baldomir, D. Serantes, R. Varga, and J. González. Appl. Phys. Lett. 92 (2008) 132507.

[24] B. Hernando, J. L. S. Llamazares, J. D. Santos, V. M. Prida, D. Baldomir, D. Serantes, M. Ilyn, and J. González. Appl. Phys. Lett. 94 (2009) 222502.

[25] K. Koyama, H. Okada, K. Watanabe, T. Kanomata, R. Kainuma, W. Ito, K. Oikawa, and K. Ishida. Appl. Phys. Lett. 89

(2006) 182510.

[26] H. C. Xuan, Y. Deng, D. H. Wang, C. L. Zhang, Z. D. Han, and Y. W. Du. J. Phys. D.: Appl. Phys. 41 (2008) 215002.

[27] V. K. Sharma, M. K. Chattopadhyay, K. H. B. Shaeb, A. Chouhan, and S. B. Roy. Appl. Phys. Lett. 89 (2006) 222509.

[28] D. H. Wang, C. L. Zhang, H. C. Xuan, Z. D. Han, J. R. Zhang, S. L. Tang, B. X. Gu, and Y. W. Du. J. Appl. Phys. 102 (2007) 013909.

[29] C. L. Zhang, W. Q. Zou, H. C. Xuan, Z. D. Han, D. H. Wang, B. X. Gu, and Y. W. Du. J. Phys. D.: Appl. Phys. 40 (2007) 7287.

[30] R. Sahoo, A. K. Nayak, K. G. Suresh, and A. K. Nigam. J. Appl. Phys. 109 (2011) 123904.

[31] J. Marcos, L. Manosa, A. Planes, F. Casanova, X. Batlle, and A. Labarta. Phys. Rev. B 68 (2003) 094401.

[32] M. Pasquale, C. P. Sasso, L. H. Lewis, L. Giudici, T. Lograsso, and D. Schlagel. Phys. Rev. B 72 (2005) 094435.

[33] H. C. Xuan, L. J. Shen, T. Tang, Q. Q. Cao, D. H. Wang, and Y. W. Du. Appl. Phys. Lett. 100, 172410 (2012).

[34] F. X. Hu, J. Wang, L. Chen, J. L. Zhao, J. R. Sun, and B. G. Shen. Appl. Phys. Lett. 95 (2010) 112503.

[35] F. X. Hu, B. G. Shen, J. R. Sun, and G. H. Wu. Phys. Rev. B 64 (2001) 132412.

[36] D. E. Soto-Parra, E. Vives, D. González-Alonso, L. s. Manosa, A. Planes, R. Romero, J. A. Matutes-Aquino, R. A. Ochoa-Gamboa, and H. Flores-Zuniga. Appl. Phys. Lett. 96 (2010) 071912.

[37] V. Recarte, J. I. Pérez-Landazábal, C. Gómez-Polo, E. Cesari, and J. Dutkiewicz. Appl. Phys. Lett. 88 (2006) 132503.

第八章 总结和展望

铁磁形状记忆合金（Ferromagnetic Shape Memory Alloy）是20世纪90年代发展起来的一类新型形状记忆合金。自1996年发现Ni_2MnGa单晶在磁场的作用下能够产生0.2%的可逆应变以来[1]，铁磁形状记忆合金受到了各国学术界、工业界和政府部门的高度重视，成为智能材料领域的研究热点。由于磁性与结构相互耦合，铁磁形状记忆合金不仅具有形状记忆合金的特点，还可以在磁场作用下输出应变。与普通的形状记忆合金和磁致伸缩材料相比，铁磁形状记忆合金具有大输出应变、温控和磁控形状记忆效应、响应频率接近压电陶瓷等特点，且兼具传感和驱动功能，成为一类理想的智能驱动和传感材料，在电子、汽车、航空、医疗等领域有广阔的应用前景。

人们相继开发出许多种类的铁磁形状记忆合金，如Fe基、Ni-Fe基、Ni-Mn基、Ni-Co基等。在这类合金中，Ni-Mn基铁磁形状记忆合金研究得最多。从发现Ni_2MnGa单晶的磁致应变以来，人们对Ni-Mn-Ga合金的微观结构、相变特征、磁学特性和力学性能等方面已经进行了深入系统的研究，其单晶的磁致应变已经从最初报道的0.2%提高到了9.5%[2]，远大于巨磁致伸缩材料Terfenol-D。关于磁性形状记忆合金的研究可以简单地分为两个阶段。第一个阶段是从1996年至2006年，这几年研究的热点是基于磁场诱发孪晶再取向的磁致应变效应。在这一阶段，人们对铁磁形状记忆合金的晶体结构、相变特征和磁性能等基础问题的研究也逐步深化。第二个阶段是从2006年至今，研究热点不再局限于磁致应变效应，而是基于磁场诱发相变的多功能特性。尽管铁磁形状记忆合金这一新型的多功能材料目前仍处于基础研究阶段，但是无论在微观机理还是在功能特性方面的研究，在过去的十几年间均已取得了长足进步。人们对铁磁形状记忆合金的认识越来越清晰。

2004 年，日本东京大学的 Sutou 等人在 Ni-Mn-X（X＝In，Sn，Sb）中发现了一类新型的铁磁形状记忆合金，在国际上引起了广泛的关注[3]。2005 年，Ni-Mn-Sn 合金中巨磁热效应的发现和 2006 年 Ni-Co-Mn-In 合金中巨大的磁致应变的发现，成为铁磁形状记忆合金研究中的重大突破[4-5]。本书在以上研究的基础上，对 Ni-Mn 基铁磁形状记忆合金的磁性马氏体相变、磁热、磁电阻效应进行了系统的研究。

首先，我们在 Ni-Mn-Sn 铁磁形状记忆合金的基础上，用 Sb 替代合金中的元素 Sn，研究了其对磁性马氏体相变温度和磁熵变的影响。结果表明，$Ni_{43}Mn_{46}Sn_{11-x}Sb_x$ 合金中马氏体相变温度随着 Sb 含量的增加而增加，奥氏体的居里温度随之而略有降低，并在低场 10 kOe 下得到了较大的磁熵变值[6]。其次，通过小原子半径 B 对非正分 Ni-Mn-Sn 合金掺杂。结果表明，间隙原子 B 的加入使合金的晶格常数逐渐增加，改变了 Mn-Mn 原子之间的间距，导致合金的磁性马氏体相变温度和奥氏体居里温度随着 B 含量的增加显著升高，同样在低磁场下较宽的温区内得到了大的磁熵变[7]。

其次，我们使用熔体快淬的方法制备了 Ni-Mn-Sn 条带。条带的截面存在一定程度均匀有序的柱状结构，表明在这种快速凝结的条带中形成了一定的织构，而且这种柱状晶垂直于条带的表面。我们进一步研究了不同的退火温度对 Ni-Mn-Sn 条带的晶粒大小、磁相变、磁熵变和输运性质的影响。发现随着退火温度升高，条带内部的晶粒明显变大，同时条带内部的内应力得到不同程度的释放。因而，随着晶粒长大，条带的马氏体相变温度和奥氏体的居里温度都明显提高。我们通过改变退火温度有效地调节了快淬条带的磁性马氏体相变温度，并在相变温度附近得到了大的磁熵变和磁电阻效应[8-9]。

再次，在非正分的 Ni-Mn 基铁磁形状记忆合金中通过进一步提高 Mn 的含量，在 Mn-Ni-X（X＝In，Sn）合金中同样得到了磁性马氏体相变。由于合金中 Mn 含量的提高，多余的 Mn 原子不仅会占据 Sn 原子的位置，而且会占据原来 Ni 原子的位置。占据 Sn 位和占据 Ni 位的 Mn 原子与原来 Mn 位的 Mn 原子都是反铁磁交换作用。所以合金中的反铁磁交换作用得到增强，加强了其对铁磁的钉扎作用。因而，我们在 $Mn_{50}Ni_{40}Sn_{10}$ 合金中得到了高达 910 Oe 的交换偏置场[10]。同时，在 Mn-Ni-Sn 合金的磁性马氏体相变附近得到了大的磁熵变和磁电阻效应[11]。此外，我们在 Mn-Ni-In 合金中同样得到了磁性马氏体相变，并在相变附近得到了大的磁熵变和磁电阻效应[12]。在此基础上，我们进一步研究了不同的元素掺杂对高 Mn 含量 Mn-Ni-Sn 合金的磁性马氏体相变和磁熵变的影响[13]。

最后，我们对另外一种研究得相对较少的 Ni-Mn-Al 铁磁形状记忆合金开展了一些研究。Ni-Mn-Al 合金在马氏体相变过程中磁性状态的变化一般都是从反铁磁态转变为顺磁态或者铁磁—反铁磁的共存态，因而磁化强度的变化非常小，影响了其作为磁性功能材料的应用。我们通过 Co 对 Ni-Mn-Al 合金进行掺杂，在 Ni-Co-Mn-Al 合金中实现了从铁磁的奥氏体到弱磁的马氏体的马氏体相变，并且在马氏体相变温度附近得到了磁场诱导的变磁性行为。因此，在这类合金的磁性马氏体相变附近得到了大的磁化强度、磁熵变和磁电阻的变化[14-15]。此外，我们又通过 Fe 对 Ni-Mn-Al 合金进行掺杂，研究了 $Ni_{50-x}Fe_xMn_{32}Al_{18}$ 合金的磁性马氏体相变和磁熵变。由于在 $Ni_{50-x}Fe_xMn_{32}Al_{18}$ 合金的马氏体相变温度附近没有发现明显的变磁性相变，同时相变前后该类合金磁化强度的变化比较小，所以在这类合金中得到的磁熵变相对较小。

在过去的十几年间，国内和国际上许多课题组已经对铁磁形状记忆合金进行了较为广泛而深入的研究，对这类新型智能材料的微观结构、相变特征、物理效应等方面的认识已经逐步深化和清晰。但是，与已经广泛应用的传统形状记忆合金、磁致伸缩材料、压电材料相比，该类合金仍然处于基础研究阶段，距实际应用还有较大距离。有一些关键问题尚未完全解决，主要包括以下几个方面：

第一，在这类合金中磁场诱导变磁性相变的驱动磁场高达十几或者几十个千奥斯特，要高于普通电磁铁所能提供的磁场。所以如何进一步降低诱导相变的临界磁场是将来研究应关注的问题。

第二，由于这类合金的磁性马氏体相变是一级相变，相变过程非常剧烈，往往使磁熵变、磁电阻和磁致应变在很窄的温度区间内呈现尖锐的峰值，而多数应用场合希望材料在较宽的温区内具有相对稳定的性能参数。另外，相变附近的电阻率和应变在磁场撤除后不能完全回复，甚至表现出了类似“单程”的效应，一定程度地限制了它们的应用范围。

第三，磁性马氏体相变伴随着潜热的吸收和释放，有比较明显的热滞和磁滞。因而在温度或磁场循环变化的场合中带来了额外的能量损耗。采用适当的方法或者技术降低部分该类合金的热滞和磁滞是下一步研究的重点。

第四，这类合金的脆性显著，韧性很差，如何在不降低功能特性的前提下提高这类合金的韧性目前研究得较少，也是将来该领域值得研究的方向。

虽然铁磁形状记忆合金的一些功能性质离实际应用还有一些距离，但作为一类新型智能材料，其是未来高技术领域的物质基础。相对于传统的形状记忆合金，这类合金又多了磁场这个调控的手段。从原理上，磁场诱导形状记忆效应完全不同于目前常用的磁热效应、磁电阻效应、磁致伸缩效应，不同于用温度控制的现有形状记忆合金和压电材料，因此铁磁形状记忆合金有希望作为一种多功能材料在复合材料[16]、磁制冷、信息存储等领域得到广泛应用，并进一步开发出新的应用领域。

参考文献

[1] K. Ullakko, J. K. Huang, C. Kantner, R. C. O' Handley, and V. V. Kokorin. Appl. Phys. Lett. 69 (1996) 1966.

[2] A. Sozinov, A. A. Likhachev, N. Lanska, and K. Ullakko. Appl. Phys. Lett. 80 (2002) 1746.

[3] Y. Sutou, Y. Imano, N. Koeda, T. Omori, R. Kainuma, K. Ishida, and K. Oikawa. Appl. Phys. Lett. 85 (2004) 4358.

[4] T. Krenke, E. Duman, M. Acet, E. F. Wassermann, X. Moya, L. Manosa, and A. Planes. Nat. Mater. 4 (2005) 450.

[5] R. Kainuma, Y. Imano, W. Ito, Y. Sutou, H. Morito, S. Okamoto, O. Kitakami, K. Oikawa, A. Fujita, T. Kanomota, and K.

Ishida. Nature. 439 (2006) 957.

[6] H. C. Xuan, D. H. Wang, C. L. Zhang, Z. D. Han, H. S. Liu, B. X. Gu, and Y. W. Du. Solid State Commun. 142 (2007) 591.

[7] H. C. Xuan, D. H. Wang, C. L. Zhang, Z. D. Han, B. X. Gu, and Y. W. Du. Appl. Phys. Lett. 92 (2008) 102503.

[8] H. C. Xuan, K. X. Xie, D. H. Wang, Z. D. Han, C. L. Zhang, B. X. Gu, and Y. W. Du. Appl. Phys. Lett. 92 (2008) 242506.

[9] H. C. Xuan, Y. Deng, D. H. Wang, C. L. Zhang, Z. D. Han, and Y. W. Du. J. Phys. D.: Appl. Phys. 41 (2008) 215002.

[10] H. C. Xuan, Q. Q. Cao, C. L. Zhang, S. C. Ma, S. Y. Chen, D. H. Wang, and Y. W. Du. Appl. Phys. Lett. 96 (2010) 202502.

[11] H. C. Xuan, Y. X. Zheng, S. C. Ma, Q. Q. Cao, D. H. Wang, and Y. W. Du. J. Appl. Phys. 108 (2010) 103920.

[12] H. C. Xuan, S. C. Ma, Q. Q. Cao, D. H. Wang, and Y. W. Du. J. Alloys Compd. 509 (2011) 5761.

[13] H. C. Xuan, P. D. Han, D. H. Wang, and Y. W. Du. J. Alloys Compd. 582 (2014) 369.

[14] H. C. Xuan, L. J. Shen, T. Tang, Q. Q. Cao, D. H. Wang, and Y. W. Du. Appl. Phys. Lett. 100 (2012) 172410.

[15] H. C. Xuan, F. H. Chen, P. D. Han, D. H. Wang, and Y. W. Du. Intermetallics. 47 (2014) 31.

[16] H. C. Xuan, L. Y. Wang, Y. X. Zheng, Q. Q. Cao, Y. Deng, D. H. Wang, and Y. W. Du. J. Alloys Compd. 519 (2012) 97.